习惯

郭桂云 / 著

平生可惯闲憔悴

朝着从未出现的风景，开始一个人的旅程

中国出版集团　现代出版社

图书在版编目(CIP)数据

习惯:平生可惯闲憔悴 / 郭桂云著. —北京:现代出版社,2013.11
(2021.3 重印)

ISBN 978 - 7 - 5143 - 2091 - 6

Ⅰ.①习… Ⅱ.①郭… Ⅲ.①习惯性 - 能力培养 - 通俗读物

Ⅳ.①B842.6 - 49

中国版本图书馆 CIP 数据核字(2014)第 046379 号

作　　者	郭桂云
责任编辑	刘宝明
出版发行	现代出版社
通讯地址	北京市安定门外安华里 504 号
邮政编码	100011
电　　话	010 - 64267325 64245264(传真)
网　　址	www.1980xd.com
电子邮箱	xiandai@ cnpitc.com.cn
印　　刷	河北飞鸿印刷有限责任公司
开　　本	700mm×1000mm　1/16
印　　张	11
版　　次	2013 年 11 月第 1 版　2021 年 3 月第 3 次印刷
书　　号	ISBN 978 - 7 - 5143 - 2091 - 6
定　　价	39.80 元

P前言
REFACE

为什么当今时代的青少年拥有幸福的生活却依然感到不幸福、不快乐？怎样才能彻底摆脱日复一日地身心疲惫？怎样才能活得更真实快乐？

美国某大学的科研人员进行过一项有趣的心理学实验,名曰"伤痕实验":每位志愿者都被安排在没有镜子的小房间里,由好莱坞的专业化妆师在其左脸做出一道血肉模糊、触目惊心的伤痕。志愿者被允许用一面小镜子看看化妆的效果后,镜子就被拿走了。

关键的是最后一步,化妆师表示需要在伤痕表面再涂一层粉末,以防止它被不小心擦掉。实际上,化妆师用纸巾偷偷抹掉了化妆的痕迹。对此毫不知情的志愿者被派往各医院的候诊室,他们的任务就是观察人们对其面部伤痕的反应。规定的时间到了,返回的志愿者竟无一例外地叙述了相同的感受——人们对他们比以往粗鲁无理、不友好,而且总是盯着他们的脸看! 可实际上,他们的脸上与往常并无二致,什么也没有;他们之所以得出那样的结论,看来是错误的自我认知影响了判断。

这真是一个发人深省的实验。原来,一个人在内心怎样看待自己,在外界就能感受到怎样的眼光。同时,这个实验也从一个侧面验证了一句西方格言:"别人是以你看待自己的方式看待你。"不是吗? 一个从容的人,感受到的多是平和的眼光;一个自卑的人,感受到的多是歧视的眼光;一个和善的人,感受到的多是友好的眼光;一个叛逆的人,感受到的多是挑衅的眼光……可以说，有什么样的内心世界，就有什么样的外界眼光。

越是在喧嚣和困惑的环境中无所适从，我们就越会觉得快乐和宁静是何等的难能可贵。其实"心安处即自由乡"，善于调节内心是一种拯救自我的能力。当人们能够对自我有清醒认识，对他人能宽容友善，对生活无限热爱的时候，一个拥有强大的心灵力量的你将会更加自信而乐观地面对现实，面向未来。

本丛书将唤起青少年心底的觉察和智慧，给那些浮躁的心清凉解毒，进而帮助青少年创造身心健康的生活，来解除心理问题这一越来越成为影响青少年健康和正常学习、生活、社交的主要障碍。本丛书从心理问题的普遍性着手，分别描述了性格、情绪、压力、意志、人际交往、异常行为等方面容易出现的一些心理问题，并提出了具体实用的应对策略，以帮助青少年朋友科学调适身心，实现心理自助。

C目　录
ONTENTS

第一章　好习惯是一生的财富

习惯是一种支配人生的力量 ◎ 3

习惯好坏影响一生 ◎ 6

成功必须选择正确的习惯 ◎ 10

卓越不只是举动,而是习惯 ◎ 13

恶习是最具破坏性的力量 ◎ 16

做习惯的主人 ◎ 20

有改变才能进步才能成功 ◎ 22

反省自己是赢得成功的关键 ◎ 25

第二章　身体健康人生才幸福

身体健康一切才有可能 ◎ 31

养成关注健康的好习惯 ◎ 34

营养健康都要有 ◎ 39

养成合理膳食的习惯 ◎ 41

自己就是最好的医生 ◎ 45

健康用脑有讲究 ◎ 51

让自己有个好睡眠 ◎ 54

正确运动更健康 ◎ 59

第三章　培养学习好习惯

读、说、写、做全知道 ◎ 65

你知道什么是学习吗 ◎ 68

学习有方才有效率 ◎ 72

学习兴趣是可以激发的 ◎ 74

学习须专心 ◎ 77

合理计划学习更高效 ◎ 80

生活中的知识也很多 ◎ 84

学以致用才是真目的 ◎ 86

让孩子学会积累知识 ◎ 89

第四章　独立思考更出众

独立思考才有智慧的奇葩 ◎ 93

给思考留些时间 ◎ 95

正确思考才能解决问题 ◎ 98

勤思考头脑才灵活 ◎ 100

思考善于打破常规 ◎ 102

经常提问，善于思考 ◎ 105

善于思考的高斯 ◎ 108

第五章　独立自主，开拓人生

依靠自己才能变得强大 ◎ 113

自立者，天助也 ◎ 116

自己的命运自己做主 ◎ 119

珍惜无人依赖的好机会 ◎ 121

摆脱你的依赖心理 ◎ 123

培养孩子的独立性 ◎ 126

自主自强从小培养 ◎ 129

第六章　善于创造，人生更新颖

创造，人人都可以 ◎ 135

小小创意不可小视 ◎ 137

创造不止一种 ◎ 139

赋予大脑充分的想象力 ◎ 143

第七章　会合作人生更顺畅

善于合作生活更愉悦 ◎ 147

会合作让你生存的更好 ◎ 149

道不同不相为谋 ◎ 152

共享利益才是真合作 ◎ 155

第八章　珍惜时间充实生命

惜时如金，你就有了主动权 ◎ 159

时间是宝贵的财富 ◎ 162

养成节约时间的好习惯 ◎ 165

利用好你的"空闲时间" ◎ 167

第一章
好习惯是一生的财富

如果不加控制，习惯将影响我们生活的所有方面。

有人说："性格其实就是习惯的总和，就是你习惯性的表现。"关于习惯成就性格的说法并不是最近才提出来的。

古希腊哲学家亚里士多德早在公元前350年便宣称："正是一些长期的好习惯加上临时的行动才构成了美德。"古印度谚语也说："播种行为，收获习惯；播种习惯，收获性格；播种性格，收获命运。"可见习惯的影响之大。

习惯是一种支配人生的力量

习惯经过强化、反复的动作，由细线变成粗线，由粗线变成绳索，再由绳索变成链子，最后，定型成了无法改变的习惯与个性。

人类的天性使得人类每时每刻都在无意识中培养习惯，由于我们都受习惯潜移默化的影响，都要臣服于习惯之下，因此，我们需要仔细琢磨自己平时正在培养何种习惯。因为习惯可能为我们效力，也可能扯我们的后腿，成为"朽木不可雕也"！

诸如懒散、看电视剧、酗酒的习惯以及其他各种各样的习惯，有时会控制、占据我们大部分的时间，而这些不良的习惯占用的时间越多，留给自己真正利用的时间则越少。所谓"烦恼易断，习气难改"，习惯如同寄生在我们身上的病毒，慢慢吞噬着我们的精力与生命。

许多人常说"忙得透不过气来""根本没有时间"，都是这些习惯造成的恶果。还有些已经被习惯所束缚成为习惯奴隶的人，不管碰到什么事情，总想都把它们嵌进习惯的条条框框之中，如此一来，怎么能够想出出奇制胜的思路，又如何能够产生新鲜独特的想法呢？此时的习惯犹如寄生在我们大脑里的肿瘤，阻止我们去思考、判断与创新。

如果万事都具有习惯性，慢慢地，就会丧失探索与寻求更好方法的欲望，这时习惯就成了惰性的别名。所以，习惯有时很可怕。习惯对人类的影响，远远超过大多数人对它的理解，人类 95% 的行为是透过习惯反映出来的。

不良的习惯小到影响个人的卫生、形象，大到影响自己的健康、婚姻、行为处世等，可以说是涉及面极广，影响度极深。其中，良好的习惯如同一枝枝花朵，或含蓄、或张扬地在我们的人生旅途中不停的绽放着。可见，习惯无时无刻不在左右着我们的生活。

一种行为，多次重复之后就能进人们的潜意识之中，并渐渐成为习惯性的动作。一个人的知识储备、才能增长、极限突破等，无一不是行为往返重复成为习惯性动作的结果。

在人们的日常活动中,有90%的行为都是在原来的动作上不断重复,仅在潜意识中转化为程序化的惯性。这些行为不用思考,自动运作。这种自动运作的力量,就是习惯的力量。可见习惯的力量是巨大的。**习惯一旦养成,就会成为支配人生的一种力量,主宰人的一生。**

有这么一个例子:

有一头驴子,打小就在磨坊里拉磨,整天绕着石磨兜圈子,勤勤恳恳。就这样,日复一日,年复一年地循环往复,直到它老得再也拉不动石磨的时候。主人觉得它劳苦功高,杀掉它又于心不忍,最后决定把它放养到旷野之中,让它在绿草地里安闲自在地度过余生。由于这头驴子从没享受过蓝天白云下的安逸生活,作为动物的它已经失去了如何去融入大自然的天生本领。因此在宽阔的旷野中,这头驴子唯一的工作就是在吃饱之后,围着一棵树不停地兜圈子,直到老死在这棵树下。

人们为了在日益繁忙的工作中追求健康与美丽,保持充沛的精力,不知花费了多少时间与金钱。其实大可不必把人生变得如此复杂,只要掌握了生活中的一些技巧,并把这些技巧应用到日常的生活习惯之中,你的人生就会变得快乐美好。

实践证明,针灸、按摩、催眠、冥想等自然疗法,在治疗都市慢性病的效果方面比吃药来得明显。因此,西方学者正着力于研究东方古老医学里所提倡的自然疗法。

许多自然疗法如均衡饮食、调整呼吸、抽空冥想等你自己就可以做,大可不必舍近求远。这些有利于健康的好习惯,哪怕是很小很小的习惯也要点点滴滴地积累,做一个持之以恒的人。你会发现,忙碌紧张的工作后仍然可以精力充沛,甚至显示出你最深刻的个性!

这是一个独立、自由、张扬个性的时代,但在现实生活中,许多人不管有意还是无意或多或少都在掩饰自己,尤其当他们在公共场合或者从事自己认为比较重要的事情时,表演的痕迹显得愈加明显。什么原因促使他们这么做呢?因为他们不够自信,还没有取得足够大的成功去支撑他们保持自己的本色,而成功以有主见为前提条件,没有主见、人云亦云是不会走向成功的。因此,一个人必须建立起自己与众不同的风格与个性。

　　人是在创造自我的过程中逐步地显露个性、塑造个性和形成个性的。而小习惯也是日积月累逐步形成的,它对于一个人的成功与幸福有着极为重要的影响,因此,我们一定要注意自己的小习惯。

魔力悄悄话

　　学习专注是所有学者的共同特征。事实证明,专心可以集中精力,调动整个大脑神经系统来解决问题,高效率地完成任务;分心就会降低学习效率,甚至对本来可以弄懂的问题感到迷茫。每个孩子的头脑里都有着专注的成分,只不过由于引导上的差异才导致了后天在这方面的差距。

习惯好坏影响一生

习惯无时无刻不在左右着我们的行为,影响着我们的日常生活。

生活中,我们总能听到一些人对自己和他人说:"习惯了,习惯了……"习惯已经成了一些人对付错误的挡箭牌,无论遇到什么失误总会用习惯来说事。

其实,习惯也是一把双刃剑,也有好坏之分,它可以成就我们,也可以危害我们。好的习惯可以让我们的工作、生活变得更加井井有条,而坏的习惯却可能使我们步入人生的歧途;同样,它会让我们做出善事,也会让我们造就恶业。

你无论是在思维方式还是在工作、生活中的一些不经意的行事方式,都能觉察到习惯所造成的轨迹——个人的卫生、形象、身体健康、行为处世、社交、口才、婚姻、爱情……一切的一切都逃不出习惯存在的踪影。

习惯有好坏之分,我们保留好习惯,改变坏习惯,这样才可以让我们更加平安的走向未来,飞向更高的天空,才可以让我们享受到更多的自由和自在,我们才会更有成就感。

一切都是习惯造成的结局

习惯是一种潜意识的自动功能,是一种不假思索的多次重复而形成的潜意识行为,一旦养成就难以察觉。

在生活中,"习惯了,习惯了……"这样的口头禅时有挂在大家的嘴边,不论是我们的思维方式,还是工作、生活中一些不经意的动作与行为,每时每刻我们不可避免地能觉察到习惯造成的轨迹,习惯就是这样无时无刻不在影响着我们的生活。

习惯对于每个人都很重要,一旦一个人对某件事产生了习惯,你就会发现有它的时候我们做这件事就会变得轻而易举，一点也不困难。而在未形成习惯之前，我们往往会费很大的力气才能把事做好。这就是习惯的作用，因为它已经变成了我们下意识或潜意识中的行为了，如何去做事已经成了自然而然的。

曾经看过这样一个故事：

在古埃及的亚历山大图书馆，曾经拥有着最丰富的古籍收藏。可是，当公元5世纪图书馆被毁于一旦时，其珍藏的大量古代智慧也随之永远地消逝了。

但是，这其中竟有一本并不贵重的书，却免遭毁坏，幸免于这场灾难。

后来有一天，一个穷人花了几个铜板买下了这本书。当他打开书时，他竟然在这本书里发现了一样非常有趣的东西——一张薄薄的羊皮纸，上面写着点石成金的秘密。羊皮纸上说："有一种小而圆的石头非常奇特，这种石头可以把任何普通的金属变成纯金，这种奇石就在黑海的岸边。但是，要找到这种奇石只有一个办法，就是必须用手亲自去触摸石头，因为这种石头虽然在外观上与其他的石头没有什么两样，可普通石头摸起来是凉的，它却是温的。"

于是，这个穷人便变卖了自己所有的家当，带着简单的行囊露宿在了黑海的岸边，每一天他所做的事情就是摸遍所有脚下的石头。为了避免重复摸石头，这个穷人想到了一个办法，就是每当拾起一块石头，只要石头不是温的而是冰凉的，他就会把它丢到大海里去。就这样，一天天、一年年地过去了，他仍然坚持不懈地抓摸每一块拾起的石头。

突然有一天，他终于感触到了一块石头是温的，他非常激动，这一发现也使他早已变得沉寂的心突然间加速，他激动地挥舞着双臂欢呼起来。但是，就在这时，他却又一次习惯性地把石头扔到了大海里。因为这个动作太根深蒂固了，以至于当他梦寐以求的宝贝出现时，他竟然不知不觉地再一次做了这个动作。

这就是习惯，是再自然不过的一个动作，但恰恰是这样的、一个不经意的动作，造成了这个人所有的成就都毁于一旦。

人们常说"习惯成自然"，就是说习惯是一种最省时、最省力的自然动作，因为有个习惯存在时，你完全可以不假思索的就自觉地、经常地、反复地

去做事了。

习惯就是一种潜意识的自动功能，是一种不假思索的、多次重复而形成的潜意识行为，一旦养成就难以察觉。

美国心理学家詹姆士说："我们从清晨起来到晚上睡觉，99%的动作都纯粹是下意识的、习惯性的，包括穿衣、吃饭、跳舞乃至日常谈话的大部分方式，也都是由不断重复的、条件反射行为固定下来的、千篇一律的东西。"

有一对父子，他们就住在一座大山上，每天他们都要赶牛车下山卖柴。由于山路崎岖，弯道特多，所以便由较有经验的父亲坐镇驾车，而儿子眼神儿较好，于是总是在要转弯时提醒父亲："爹，转弯啦！"

有一次，由于父亲生病，儿子便一人驾着车下山了。可是，当他赶着牛车走到弯道时，牛却怎么也不肯转弯。儿子用尽各种方法，下车又推又拉，又是用青草来引诱牛，牛还是依然一动不动地停在那里。

这到底是怎么回事呢？儿子百思不得其解。最后，儿子终于想到了一个办法，他左右看看发现无人，于是贴近牛的耳朵大声叫道："爹，转弯啦！"

这时，奇迹出现了——牛应声而动。

这虽然只是一个故事，却直接地说明了一个道理：牛是用条件反射的方式活着，而人则是以习惯来生活。有时看似一个不起眼的小习惯，却能决定一个人一生的命运。所以，只有在你失败之后，你才会发现——原来这一切只是习惯而已。

习惯若不是最好的仆人，就是最差的主人，因为它具有定型作用。

19世纪的心理学家威廉·詹姆斯说："正是习惯使得那些从事最艰苦、最乏味职业的人们没有抛弃自己的工作；也正是习惯，注定了我们每一个人都只能在自己所接受的教育和最初选择的范畴内生活，并为那些自己虽然并不认同，但却别无他选的某种追求而付出最大的努力；还是习惯，把我们的社会的不同阶层清晰地划分了开来……"

詹姆斯不仅注意到了习惯的巨大力量是如何影响整个社会的架构，同时也指出了改变习惯的艰巨和不易。

习惯就是这样，它犹如一把双刃剑，固然可以帮助你达到成功，提高你的人生价值，但也同样会阻碍你成功，束缚你的手脚，甚至会摧毁你的一生。正如拿破仑·希尔所说："习惯能成就一个人，也能摧毁一个人。"

所以,我们要尽量养成好习惯,摒弃坏习惯,这样才会对自己的一生大有裨益。

当我们埋头于自己的工作和生活时,我们也要不时地抬起头看看眼前的道路、辨辨自己的方向、想想自己的目标。

魔力悄悄话

习惯的力量是巨大的,人一旦养成一种习惯就会不自觉地继续遵循这种方式生活,在一定的情境下它就会自动地去进行某种动作的需要。这就是习惯的特性。

成功必须选择正确的习惯

习惯是行为的载体,一经形成就会具有很强的生命力。如果你希望出类拔萃,希望生活方式与众不同。那么,你就必须明白这一点:是你的习惯决定着你的未来。

人生的光彩在哪里?说起来其实很简单,就是拥有一个好习惯。有一次,一个人去应聘职位时,随手将走廊上的纸屑捡起来,放进了垃圾桶。他的举动恰好被路过的面试官看到了,因此他得到了这份工作。所以,想获得赏识其实很简单,养成好习惯就可以了。

好的习惯出能力,好的习惯更出效率,良好的习惯就是成功的捷径。人类都会受到习惯的约束,一旦养成了好的习惯,就会终身受益。正如美国著名哲学家罗素说的那样:"人生的幸福就在于良好习惯的养成。"

一个成功的人晓得如何培养好的习惯来代替坏的习惯,当好的习惯积累多了,自然就会有一个好的人生。

伯德是 NBA 的一代传奇人物,是美国历史上最杰出的篮球明星之一,他的成功就得益于具有坚韧不拔的好习惯。在当时,其实伯德并不是最具运动天赋的人,然而正是天赋有限的伯德率领波士顿凯尔特人队三次登上了美国 NBA 总冠军的领奖台,当之无愧地成了美国历史上最伟大的运动员之一。

对于伯德来讲,既然天赋有限,那么他的这一切又是如何得到的呢?或许你已经猜到了答案,是的,正是由于他拥有了良好的习惯。在他加入 NBA 之前的少年时代,伯德每天早晨都会练习 500 次的三分投篮,练完之后,他才会再去上学。

因为他知道,只要有了这种习惯,不论天赋有多少都有可能成为一个好的三分球投手。所以,在伯德的整个职业生涯中正是由于这些好习惯,才使他发挥出了所有的运动潜能,成了一代 NBA 名将。

习惯是一个人独立于社会的基础，它在很大程度上决定了人的工作效率和生活质量，并进而影响人一生的成功和幸福。因此，养成好的习惯也是人生迈向成功的第一步。

20 世纪 60 年代，苏联发射了第一艘载人宇宙飞船，宇航员就是我们大家所熟知的加加林。当时，在挑选第一个上太空的人选时，也有这么一个小插曲：

几十个宇航员去参观他们要驾驶的飞船，进舱门的时候，只有加加林一个人把鞋脱了下来。

加加林觉得："这么贵重的一个舱，怎么能穿着鞋进去呢？"然而，就是这么一个小小的习惯性动作，让主设计师看后非常感动。他想："只有把这艘飞船交给一个如此爱惜它的人，我才放心。"

在主设计师的推荐下，加加林终于成了人类第一个飞上太空的宇航员。因此，也有人开玩笑说："成功就是从脱鞋开始的。"实际上，应该说成功是从加加林养成的好习惯开始的。

好习惯能成就一个人，同样，坏习惯也能毁掉一个人。只有保留好的习惯，改变坏的习惯，才可以让我们更平安的飞向天空，让我们享受到更多的自由和自在。所以，我们一定要记住：**好习惯成就好命运，好习惯越多，就会离成功的天堂越近。**

古代印度佛教经典《药师忏卷·下卷》中曾有一段这样的话："生死茫茫，惯之性为生，惯之性成真，惯之性塑佛，惯之性逆势。然生死之茫茫，唯惯与性永生，如佛，如菩提，如万世之至论。"虽然语言有几分偏激，但我们却可以从中强烈地感受到圣僧们对习惯的看重，以至于成了"万世之至论"。

柏拉图曾告诫过一个游荡者："人是习惯的奴隶。"英国诗人德莱敦也曾说："首先我们养成习惯，随后习惯养成了我们。"同样，古代以色列国王所罗门也说过："世间万物，由性而始，由性而生，由性而定，由性而成。"这儿的"性"，指的就是长期拥有的一系列的习惯。**由此我们可以看出："拥有好习惯的确能够改变我们的人生。"**

那是 1988 年，有 75 位诺贝尔奖的获得者正在巴黎聚会。在会议期间，有人问一位诺贝尔奖获得者："您在哪所大学、哪个实验室学到了您认为最主要的东西呢?"

"是在幼儿园。"

"您在幼儿园学到了些什么?"

"把自己的东西分一半给小伙伴们;不是自己的东西不要拿;东西要放整齐;吃饭前要洗手;做错了事情要表示歉意;午饭后要休息;要仔细观察周围的大自然。从根本上说,我学到的全部东西就是这些。"

这段对话是耐人深思的。从幼儿园学到的东西,直到老年时还记忆犹新,可见所留下的印象是非常深刻的。并且,也充分地说明了从小养成的习惯会追随人的一生。

在日常生活和工作当中,每个人都有自己的行为习惯,有些习惯虽然不像犯罪具有那么明显的破坏性,但它却会阻碍我们的生活和事业的成功。

苏联著名教育家乌申斯基曾说:"良好的习惯就是人在其神经中所存放的'道德资本',这个资本会不断地增值,一个人就会毕生享用它的利息。坏习惯则是道德上无法偿清的债务,这种债务能够用不断增长的利息去折磨人,使他最好的创举失败,并使他达到道德破产的地步。"

好习惯是成功的钥匙,坏习惯是失败的钥匙,失败的人和成功的人唯一不同的地方就是他们的习惯不同。好习惯是人们走向成功的钥匙,坏习惯就是通向失败敞开的大门。坏习惯会使你失去"幸运",会使你对机遇视而不见,会阻碍你开发自己的潜能,会使你拒绝新生事物,坏习惯就是一个人身上藏不住的缺点。所以,人一定要戒除坏习惯,培养好习惯。

好习惯是成功的前提,好习惯越多你就会离成功的天堂越近。而坏习惯一旦养成,这些习惯也将如滴水穿石,毁掉你的一生。

魔力悄悄话

研究表明,开始学习的头几分钟,一般效率较低,随后上升,15分钟后达到顶点。根据这一规律,可建议孩子先做一些较为容易的作业,在孩子注意力集中的时间再做较复杂的作业,除此,还可使口头作业与书写作业相互交替。

卓越不只是举动,而是习惯

习惯是一种惯性,也是一种能量的储蓄,只有养成了良好的习惯,才能发挥出巨大的潜能。

成功学大师拿破仑·希尔曾说过:"成功与失败都源于你所养成的习惯。"由此可见,习惯在人的一生中发挥着巨大的作用。

卓越是一种习惯,懦弱也是一种习惯。卓越者与懦弱者最大的不同就在于卓越者会主动去提升自身,而懦弱者却会想尽办法地去掩盖欠缺;卓越者在任何困难险阻面前都不会低头、不言弃,而懦弱者在困难面前却只会想到自己会遭受多少苦;卓越的人会在工作完结之后及时总结不足、差距而寻求更佳解决方案,懦弱的人会在失败之后去寻找更多的借口和托词;卓越的人会在人生的舞台上谱写最辉煌、最绚丽的篇章,懦弱的人只会成为别人引以为戒的典故和警示。

人人都会受到习惯的约束,所以一旦养成了好习惯就会终身受益,一旦养成了坏习惯就会终身受害。正如美国著名哲学家罗素说的那样:"人生幸福在于良好习惯的养成。"

有个渔人有着一流的捕鱼技术,被人们尊称为"渔王"。然而"渔王"年老的时候非常苦恼,因为他的三个儿子的渔技都很平庸。

于是,这个渔人经常向别人诉说心中的苦恼:"我真不明白,我捕鱼的技术这么好,我的儿子们为什么这么差? 我从他们懂事起就传授捕鱼技术给他们,从最基本的东西教起,告诉他们怎样织网最容易捕捉到鱼,怎样划船最不会惊动鱼,怎样下网最容易请鱼入网。他们长大了,我又教他们怎样识潮汐,辨鱼汛……凡是我长年辛辛苦苦总结出来的经验,我都毫无保留地传授给了他们,可他们的捕鱼技术竟然赶不上技术比我差的渔民的儿子!"

一位路人听了他的诉说后,问他:"你一直手把手地教他们吗?"

"是的,为了让他们得到一流的捕鱼技术,我教得很仔细、很耐心。"渔人满怀自信地答道。

"他们一直跟随着你吗?"路人又问他。

"是的,为了让他们少走弯路,我一直让他们跟着我学。"

路人说:"这样说来,你的错误就很明显了。你只传授给了他们技术,却没传授给他们教训,对于才能来说,没有教训与没有经验一样,都不能使人成大器!"

这段对话告诉我们,其实命运往往掌握在自己的手中。并不是生活眷顾那些善于行动的人,而是那些善于行动的人选择了生活。他们有目的地选择生活,他们不会随遇而安。**就如亚里士多德说的那样:"人的行为总是一再重复。因此,卓越不是单一的举动,而是习惯。"**

在世界上,本杰明·富兰克林一直是全世界公认的伟人。他不仅发明了避雷针;参与了美国独立战争;还写出了"自由、平等、博爱"的名言;是美国《独立宣言》的主要起草人之一;同时又是作家、画家、哲学家;并自修了法文、西班牙文、意大利文、拉丁文。因此,富兰克林也在众多的领域作出了杰出的贡献,受到了世世代代不同国籍、不同肤色人们的敬仰。

在79岁高龄时,富兰克林想起自己一生取得的成就,就用了整整15页纸叙述了自己年轻时曾进行过的特殊修炼,他认为自己的一切成功与幸福都受益于此。年轻时的富兰克林也并不十分成功,但却渴望成功。经过研究,他发现成功的关键在于完善的人格。

之后,他经过精心总结,认为完善的人格应包括以下13个原则:节制、寡言、秩序、果断、节俭、勤奋、诚恳、公正、适度、清洁、镇静、贞洁、谦逊。但进一步研究,他又发现,如果仅仅知道这13个原则还不可能会使自己成功,只有经过刻苦的修炼,把这13个原则变成自己的13种习惯,这才属于自己。否则,那还是别人的,是书本上的。

知道了这一点,他认真地为自己准备了一个本子,每一页上都打了许多格子,目的就是为自己的行动做好记录,以便监视自己的行动。他当时非常清楚,一段时间只专注于一项修炼,才是最有效的。否则,会适得其反。所以,他头一个星期只专注于"节制",每天检查自己为人处世是否"节制",并在本子上做上记号。

一个星期后,由于天天专注于自己是否"节制",他惊喜地发现,"节制"

已经慢慢在他身上生根了。尝到了甜头,在第二个星期又开始专注于第二项——"寡言",并对第一项"节制"复习巩固;第三个星期又专注于第三项——"秩序",再对第一项、第二项复习进行巩固。就这样,到了13个星期后,他竟然发现自己的举手投足、为人处世、待人接物发生了根本性的变化。

之后,年轻、认真又有毅力的富兰克林生怕这13个星期还不足以使那13个原则完全变成自己的习惯,在一年内他又进行了三次13个星期的轮回修炼。一年以后,富兰克林真的完全变了,这种变化已经融入了他的血液,渗入了他的灵魂,浸透到他的每一个细胞。因此,他的成功也变得顺理成章了。

想要控制命运,改变自己预设的结果,就必须凡事深思熟虑并培养好的习惯。成功人士之所以能达成梦想,就是由于他们培养了"千金难买"的好习惯。若你也想达到相同的成果,就应该努力培养各种良好的习惯。

习惯问题专家周士渊说:"目标就像织女,是你所追求的、漂亮的东西,而习惯则像是牛郎,很勤恳、踏实,目标和习惯加起来就是'天仙配'。"

周士渊在解释这一对"天仙配"时说道:"有了目标,你一定要为这个目标设定一些习惯,等习惯养成了,离目标的实现也就不远了。而有了好的习惯,你也就可以为这个习惯找一个目标,使自己更有成就感了。当然,这里说的目标一定要切实可行,习惯也要数字化。因为习惯是抽象的东西,只有量化后才好执行,比如每天跑步半小时等。""习惯就像烧开水一样。"周士渊说,"烧烧停停水永远不会开,刚热了又凉了,只有一股劲将它烧到100℃,你就成功了。所以,习惯要'五动',即启动、恒动、自动、永动和乐动。"

习惯是一个人独立于社会的基础,它在很大程度上决定了人的工作效率和生活质量,并进而影响他一生的成功和幸福。

魔力悄悄话

净化孩子的语言环境:父母应该做好表率,带头说文明语言,并且要慎重选择影视节目,引导孩子玩文明、健康的游戏,如发现孩子和小伙伴说粗话时,应及时指出并给予纠正。

恶习是最具破坏性的力量

坏习惯已成为人生的一个隐形杀手,它犹如污浊的空气、残留农药的食品,正在慢慢侵蚀着我们的人生。

习惯就如同钱财,可以让我们做好事,也可以让我们造恶业。

好习惯可以造就你的辉煌人生,而坏习惯则会毁掉人一生的美好生活!

面对坏习惯,也许你毫无知觉,但它确确实实地已经与你如影随形;也许你已经觉察,但它却像孙悟空的紧箍咒一样使你欲罢不能。因为坏习惯的存在,你可能失去了你最挚爱的恋人;因为坏习惯的存在,你可能与幸福失之交臂。也许,你正在苦苦思索到底是什么造成了残败的人生? 其实,就是你的坏习惯。

北京有一家外资企业正在招工,他们对学历、外语、身高、相貌的要求都很高,而且薪酬也特别高,所以有很多高学历的人前来应聘。

一些应聘者过五关斩六将,终于到了最后一关:总经理面试。在他们看来,这一切已经成功在望了,认为这一关其实已经很简单,只不过是走走过场罢了,准十拿九稳了。然而,令他们没想到的是,恰恰就这一关的面试出了问题。

一见面,总经理说:"很抱歉,年轻人,我有点儿急事,要出去十分钟,你们能不能等我?"

年轻人说:"没问题,您去吧,我们等您。"

老板走了,年轻人一个个踌躇满志、得意非凡地围着老板的大写字台这看那看,他们看到桌子上有文件,也有资料。于是,年轻人这个拿一份,那个拿一份地看了起来。而且,看完了还互相交换着看:"哎哟,这个好看!"

十分钟后,总经理回来了,说:"面试已经结束。"

"没有啊? 我们还在等您啊。"年轻人有点丈二和尚摸不着头脑地说。

老板说:"我不在的这一段时间,你们的表现就是面试。很遗憾,你们没有一个人被录取。因为,本公司从来不录取那些乱翻别人东西的人。"

啊!这些年轻人一个个面面相觑、捶胸顿足。

这就是坏习惯造成的结果——未在别人允许的情况下,是不能乱翻别人东西的。

坏习惯已成为人生的一个隐形杀手,它犹如污浊的空气、残留农药的食品,正在慢慢侵蚀着你的人生。不论你是身居高位还是地位卑微;不论你是腰缠万贯还是身无分文;不论你是年事已高还是乳臭未干;不论你是谦谦绅士还是窈窕淑女;不论你从事哪种职业,只要你呼吸大自然的空气,只要你食用来自土地的五谷杂粮,你就有可能受到坏习惯的困扰。

一个想成功的人,必须知道习惯的力量是相当大的。他也必须了解,要养成好的习惯,必须一直努力地去做,同时要警惕那些可能会破坏他的好习惯的恶习,还要赶紧养成对自己的追求有帮助的好习惯。如果你没有做伟大事业的知识,你也没有经验,而且你还经常处于一种无知的状态,甚至还曾经坠入过自怜的深渊。那么,你又怎么能够获得成功呢?

有一个关于一只住在孤岛上的蝎子的寓言故事,是这样说的:

在一个小岛上,有一只蝎子用它的毒刺蜇死了岛上其他的小动物及爬虫,而为了争夺岛上丰富的蜘蛛和昆虫作为食物,它也杀死了所有的竞争对手。但是,有只青蛙为了享受岛上大量的蚊子和小虫,每隔几天就从大陆那边渡海而来。并且,它能轻易地躲闪蝎子的威胁。

蝎子在杀光了所有同类之后,感到非常寂寞。所以,有一天,它慢慢靠近青蛙说:"青蛙先生,我不会游泳,而且我也觉得很寂寞。如果我能找到大陆,那这个美丽的岛就是你一个人的了。你愿意让我骑在你背上渡过这个海峡吗?"

蝎子提出的条件的确相当诱人,青蛙犹豫了一会儿便回答说:"我可没那么笨。你把岛上的其他动物都杀光了,怎么可能会不蜇我呢?"

蝎子答道:"可是青蛙先生,我不会蜇你啊,如果我蜇你的话我自己也会淹死的。"

青蛙觉得它说得很有道理,便欣然同意了。

青蛙跳入水中,然后让蝎子爬上它的背。可是,当它们游到海峡中间时,青蛙忽然觉得背上一阵刺痛,青蛙知道这是毒液在慢慢渗入它的身体。

濒死之际,青蛙回头对蝎子说:"我俩都快要死了,为什么你明知自己不会游泳还要蜇我?"

蝎子回答:"因为我是蝎子,蜇人是我的天性呀!"

习惯是人最主要的、最稳定的素质,任何一种能力都是养成好的习惯的结果。在《培根论人生》一书中,这位伟大的思想家深刻地指出:"**人们的行动,多半取决于习惯。一切天性和诺言,都不如习惯有力,即使是人们赌咒、发誓、打包票,都没有多大用。**"

习惯决定着一个人生活的方方面面,决定着一个人究竟能成为什么样的人。养成好的习惯,你会一辈子享用不尽;养成了坏习惯,你就会有一辈子偿还不完的债务。

习惯的影响无处不在,习惯的巨大力量每时每刻都在影响着生活。习惯一旦养成,就会成为支配人的一种力量,主宰人的一生。如果你是某方面的千里马,就不要抱怨伯乐不常有,而应该经常检查自己在言行上的不良习惯。

现在,你就应该来检查一下自己是否存在以下这些恶习:

你是否经常迟到?

你上班或开会经常迟到吗?迟到就是造成老板和同事反感你的种子,它所传达出的信息就是:你是一个只考虑自己的人,缺乏合作精神的人。

你是否有爱拖延的毛病?

社会心理学专家说:"很多爱拖延的人都很害怕冒险和出错,对失败的恐惧使他们无从下手。虽然你最终完成了工作,但拖后腿总会使你显得不胜任。为什么会产生延误呢?如果是因为缺少兴趣,你就应该考虑一下你的择业;如果是因为过度追求尽善尽美,这毫无疑问会增多你在工作中的延误。"

你是否喜欢怨天尤人?

一个想要成功的人在遇到挫折时,应该冷静地对待自己所面临的问题,分析失败的原因,进而找到解决问题的突破口。如果你喜欢怨天尤人,无疑你已经给自己打上了失败者的标签,因为怨天尤人是所有失败者共有的特征。

你是否喜欢传播流言?

每个人都可能会被别人评论,也会去评论他人,但如果津津乐道的是关于某人的流言蜚语,这种议论最好停止。世上没有不透风的墙,你今天传播的流言,早晚会被当事人知道,又何必去搬起石头砸自己的脚? 所以,流言止于智者。

你是否对人经常傲慢无礼?

傲慢无礼并不能使你显得高人一头,相反你这样做反而会引起别人更多的反感。因为,任何人都不会容忍别人瞧不起自己。所以,傲慢无礼的人是难以交到好朋友的。没有了人脉,你又怎么能轻易地取得成功,又怎么能有广阔的财脉。

魔力悄悄话

有的孩子总是爱乱扔东西,把东西弄得满屋都是,大人总要跟在后面收拾。也有的孩子会将自己的东西放得整整齐齐,不用家长操心。无论哪种行为都不是天生的,而是从小培养的。

做习惯的主人

"知己知彼，百战不殆"，一个人只有了解自己，知道自己办事的习惯，才能够客观地处人处事。在生活中，一个人唯有通过不断地自我反省，进一步了解自己的习惯，做习惯的主人，才能立于不败之地。

自省就是反省自己，是自我拯救的第一步。一般来说，自省心强的人每时每刻都会仔细检视自己，跳出自己的身体之外，重新审察自己的行为举止是否为最佳选择。怀着一颗坦率无私的心去审视自己的人，都非常了解自己的优劣，而他们一般都很少犯错，因为他们懂得时时考虑，事事考虑。

忙碌的幸运女神，当人们常常漫不经心地做出许多危险而鲁莽的事情时，为了挽救他们闯下的大祸，她一直毫无怨言不停地转动着命运的轮轴。遗憾的是，不管她如何努力，还是有许多人因为一时失误而丢了财产、名誉甚至是性命。

一天，女神看到了一个在深井边上酣睡的孩子，脸上挂着满足的微笑。从旁边经过的人都为他忧心不止，因为如果他稍稍向井内翻身，他就有可能掉下井里淹死了。幸运女神正好发现了，于是轻轻转动手中的轮轴。孩子很快就从睡梦中醒来，吓了一大跳，说道："幸亏我醒得及时，要不然我的小命就没了。"幸运女神叹口气说："人啊！都是这样，幸运的事都忘不了自己的英明，要是自己粗心遭受了不幸，就会把责任都推到我身上。"说完，深深地叹了一口气。

幸运女神的话一针见血。你是不是因为自己的目光短浅或利令智昏，而经常把自己的失误归罪于运气，致使你做出了无法挽回的事？很多人都喜欢找借口，年轻人更是如此，把失败的原因都归罪于客观条件。很长时间你一直没有为公司的发展提出合理的方案，也没有按进度完成任务，你可能会通过各种解释诸如阅历太浅、经验太少等来推卸自己的责任，或把责任推到他人身上,此时,你有没有想过自己的疏忽大意呢?

扪心自问,你是否也会存在上面的那些心理,是否曾经有过为自己开脱的举动和想法?

因此,要想少犯或不犯错误,就需要不停地反省自己,培养自省意识,从而更深刻地了解自己的习惯,成为习惯的主人。如果你在生病期间,只会去抱怨老天的不公或诅咒将病传染给你的人,这些不仅对你没帮助,更重要的是于事无补。此时你唯一的正确做法就是检查自己的身体并医治它。时刻注意自己心灵上的缺点和过失,不把错误归咎于别人或者命运,杜绝毛病的发展,以后再碰到危机你将会迎刃而解。

培养自省习惯,还要有自知之明。正确地认识自己,也并非容易之事,不然,古人怎么会有"人贵有自知之明""好说己长便是短,自知己短便是长"之类的古训呢? 自知之明,它既是一种高尚的品德,也是一种高深的智慧。当然,即便你养成了自省的习惯,也并不等于你把自己看得很清楚了。就如何评价自己来说,要是把自己估得过高,往往会因自大而看不到自己的短处,要是将自己估得过低,就会产生自卑心理从而对自己缺乏信心。唯有估准,才能称得上有自知之明。但是也有不少人恰好夹在这种既自大又自卑的矛盾状态中,一方面,自我感觉不错,无法看出自己的缺点;另一方面,则在应该展现自己的时候却畏缩不前。如果对自己的评价都如此之难,那么要反省自己的某一个观念、某一种理论,就难上加难了。

正所谓"知己知彼,百战不殆",一个人只有正确了解自己,清楚自己的办事习惯,才能够客观地处人处事。

魔力悄悄话

一般来讲、孩子从小没有自己收拾东西的习惯,如家长不注意对孩子从小培养,而是包办代替,日后就会影响孩子的独立生活能力。

有改变才能进步才能成功

习惯的力量是巨大的,但习惯也是可以改变的。当你不断地重复一件对自己有意义的事情,最后它就会形成习惯,所以好习惯也可以培养出来。

习惯并不深奥,而且常常会显得很简单,比如按时作息、遵守规则,等等。

习惯就是自然而然的事,所以自然的就是不假思索的、不用思想去控制的行为,这就是习惯的一个最重要的特点。如果你做一件事情还需要专门的思考和意志的努力,就表明你的这种习惯还没有真正的养成。

习惯并不是先天遗传的,而是在后天的环境中逐渐培养出来的,是一种条件反射。所以,有的习惯是很自然的、不用费什么工夫就能形成的;有的则需要长期的、反复的训练。

人只要经常做一件事就会形成习惯,所以,人有能力养成一种习惯。那么,既然有能力养成一个习惯,也肯定有能力改掉一个习惯。在美国就有一个说法,说是"养成一个习惯只需要 21 天"。可见,改变一个习惯并不难,只要你能坚持 21 天就可以了。当然,这也应该是因人而异的。

先养成习惯,然后习惯才会左右我们。这件事看起来简单,但做起来有时也不是那么容易。因为,如果你对不良习惯听之任之,那么你的预定目标就会永远是可望而不可即的事情。所以,在培养一种新习惯之前,你应把力量和热忱注入你的感情之中,对你所想的结果要有深刻的感受。

一开始,你要尽可能地使这个习惯变得清晰而有目标,设定了明显的目标点,在下一次你想朝这个目标走时才会变得容易起来。当然,在过程中你也要把所有的注意力都集中在新目标上,这样你才不会下意识地去注意旧的行为。不会再走到老路上去,慢慢地你就会忘记了老路,而只记得新建的道路了。

此外,你一定要有抗拒旧习惯诱惑的能力,对旧习惯每抵抗一次,你就会增加一份坚强,再一次坚定新目标,也就向新习惯靠近了一步。相反,如果你每向旧习惯的诱惑屈服一次,你就会少了一份毅力;以后也会更加难以抗拒这种诱惑,所以你要学会坚强和坚持。

再者,人往往也会因为个性而影响习惯,所以不论你的个性是强还是弱,都应该在坚持原则的同时学会倾听他人的意见,并调整自己思路和做法。只要能够"见贤思齐"改正自己的不良习惯,那么你就能离预定目标越来越近。若一味地固执己见、听不得他人不同的意见,那么预定目标就会很难实现了。

简单的事情贵在坚持。其实,任何事做起来一点都不难,难就难在坚持上。所以,从最简单的事情做起,并把最简单的事情坚持做好了就是不简单,容易的事认真做就成了不容易。

举个例子,如果你开始改用左右刷牙,假设你之前都习惯用右手刷,但是你坚持连续 21 天的时间都用左手。最后,你会发现,你已经可以自然而然地在用左手刷牙了,一点都不会觉得别扭。所以,对于任何事情,开始的几天可能会比较不习惯,但你只要克服过来就没事了。

改变习惯的过程就像婴儿一样,一开始,婴儿很难接受来到的新世界,他会因为不愿离开那狭小但熟悉的空间而号啕大哭,但自然的力量把他推到了这个世界。而一旦来到这个新的环境,他发现自己脱离了黑暗,见到了光明,从那阴暗而狭窄的空间来到了宽广而快乐的世界。他呼吸着新鲜的空气,开始感谢上苍把他从之前狭小的空间带到了自由的世界。

改变习惯也是这样,当你的"好习惯"成为习惯之后,一切的规律也都将改变。这个时候你也会因为拥有好习惯而兴奋,从而就可以自然而然地维持你的好习惯了。

之前,就有一个刚参加工作的小伙子,做事总是虎头蛇尾、三分钟热度,但他一直改不了,后来他终于下定决心改掉了这个坏习惯。后来,他说:"我终于体会到了蜕变的痛苦和乐趣,如果没有坚持成功的信念,可能早就放弃了,现在我打败了这个'奴役',我会从中终身受益的。"

优秀的人其实和我们都一样,只不过他们更加善于总结和提高自己的工作,而且最关键的是,当他们发现了自己的不足之处时,就会毫不犹豫的着手寻求改进方法并付诸实践。

改变日常的小习惯带来的成果是显而易见的,改变了坏习惯,你就不会再拖沓;你的行动就会变得有条理;你的工作就会更有效率。渐渐地,你会发现你的闲暇时光会因为习惯的改变而多了起来,你会有更多的时间去做更多自己喜欢的事情。

多一个好习惯,人生就会多一次成功的机遇;多一个好习惯,心中就会多一分自信;多一个好习惯,生命里就会多一种享受美好生活的能力。我们要成功,就一定要坚定地改掉坏习惯,只有改变了,我们才会进步,才会成功! 当你摆脱了一些看似正确的坏习惯,你就会更精力充沛地面对每一天,走好每一步。

如果你爱自己、爱自己的身体、爱自己的生活,你就应该尝试一下改变,没什么难的。

魔力悄悄话

习惯微不足道,但习惯对我们的影响却极为深刻,做事拖拖拉拉、自私自利、爱抱怨挑剔、喜欢撒谎、爱慕虚荣、爱出风头、过分依赖;做事冲动、自制力差、沉迷网络、挑嘴偏食、顽皮好动;做事半途而废、自卑自闭、缺乏耐性、怕生胆怯、喜欢破坏、爱讲讲话、懒惰、心浮气躁、随意浪费、嫉妒、乱发脾气、缺乏主见、独立生活能力差、随意插嘴……这些习惯看似平常、却能影响我们的一生。

反省自己是赢得成功的关键

意识到坏习惯的存在,是我们改掉坏习惯的第一步骤。但很多时候,我们都会存在一些制约自己发展的坏习惯,而自己确实不能发现,那就需要自知之明或者其他渠道来获得。

指责别人已经成为很多人的习惯,能够反省自己却比登天还难。所以,人人都犯过错误,但很少有人能反省自己。

古希腊时,一对夫妇因偷盗而被绑在广场上,人们万分愤怒,指责与谩骂的声音像海浪一样,一浪高过一浪。甚至,有人竟提议用石块将这对玷污人类道义的夫妇砸死,并取得了一致认可。正当他们准备用石块砸向这对夫妇时,耶稣恰好路过广场。面对此景,他想了想便对愤怒的群众说:"好吧,那么就让我们当中从来没有犯过错误的人扔第一块石头。"结果群众全都哑然了。

每一个人都有着自己的局限性。只有认清自己的局限性,做事才能够量力而行,才能获得成功。如果一个人太过自负,认为自己无所不能,那么他只会是自欺欺人,最终只会给别人留下笑柄。所以,在生活中,只有不断地自我反省,才可以令自己不断地进步,从而立于不败之地。

在一块石头下面,有一群蚂蚁。其中有一只力量非常大的蚂蚁,而且如此大力的蚂蚁还是史无前例的,它可以非常轻松地背起两颗稻粒儿。如果论勇气的话,它的勇气也是空前绝后的,它会像老虎钳一样一口咬住青虫,而且还敢单枪匹马地与蟑螂作战。因此,它在蚁穴里名声大噪,成为众多蚂蚁谈论和仰望的对象。

在以后的日子里,它每天都陶醉于那些赞扬的话语里。甚至有一天它想到要去城市里大显身手,让城市人也见识见识它这个大力士。于是,它爬上最大的卖柴车,大模大样地坐在了车夫的身旁,像个君主一样地进城去了。

　　然而,满怀希望的大力士蚂蚁万万没有想到这一次进城却碰了一鼻子灰,它想象着人们会云集而来仰慕这位大力士。可是不然,城里的每个人都在忙于自己的事情,根本就没有人去理会它。于是大力士蚂蚁找到一片草叶,在地上把草叶拖啊拖的,它敏捷地翻筋斗、飞快地跳跃,可是没有人注意,更没有人来看。

　　于是,当它卖力地耍完了"十八般武艺"之后,只能抱怨道:"城里人太盲目、太糊涂了,难道是我自以为是吗? 我表演了各种武艺,就没有人给予真正的重视,如果你来到我们蚁穴里就会知道,我在蚁穴里可是声名显赫的。"

　　回到家里后,大力士蚂蚁经过一夜的反省,终于变得有些聪明了。

　　其实,现实生活中,一些人不正像这只大力士蚂蚁吗? 因为耍了一些小聪明,就自以为名扬天下,幡然醒悟时才发现自己的名声不过局限于蚁穴的范围而已。

　　当今社会是一个飞速变化的时代,要想更好地生存和发展,就要不断地调整自己;而要调整自己,就要有自我反省的习惯。人都不可能十全十美,每一个人都会有个性的缺陷、智慧上的不足,因此人也常会说错话、做错事、得罪人,这就需要知道反省自己。

　　在人生的道路上,成功并不像人们想象的那样一帆风顺,要想在这条路上少犯错误就需要不停地反省自己、培养自省意识、在自己身上找原因,这样才能不断改进;才不会迷失发展的方向,从而笑到最后。

　　三毛曾说过:"一个肯于虚心吸收观察一切,经常反省、审察自己缺点和优点的人,在追求智慧上,就会比那些不懂得自省和观察的人来得快速多了。"

　　能够时时审视自己的人,一般都很少犯错,因为他们会时时考虑:我到底有多少力量? 我能干多少事? 我该干什么? 我的缺点在哪里? 为什么失败了或成功了? 这样做就能轻而易举地找出自己的优点和缺点,为以后的行动打下基础。

　　对于任何刚开始经营事业的商人来说,最有价值的习惯就是在作出决定之前,要好好地回顾一下自己的推理。这种最后的检查,也许只需要几分钟,甚至几秒钟,但是收获却很大的,它可以让人有一个机会来整理自己的思路,回想自己为什么会作出这样的决定。这就像是世界上那些非常有名的演员,他们在每次登台演出之前,虽然已经对自己扮演的角色很熟悉了,却还是要合上剧本,在心里迅速地把自己的角色重温一遍。

当然,能够正确地认识自己,其实也是一件极不容易的事情。要不然,古人怎么会有"人贵有自知之明""好说己长便是短,自知己短便是长"之类的古训呢?

自知之明,不仅是一种高尚的品德,更是一种高深的智慧。你即便能做到严于责己,但并不等于说能把自己看得清楚。就以对自己的评价来说,如果把自己估计得过高了,就会自大,看不到自己的短处;把自己估计得过低了,就会自卑,对自己缺乏信心。只有估准了,才算是有自知之明。

学会"反省",就是要反过身来省察自己,检讨自己的言行,看清自己犯了哪些错误,看有没有需要改进的地方。自省心强的人都非常了解自己的优劣,因为他时时都会仔细检视自己。这种检视也可称为"自我观照",其实质就是跳出自己的身体之外,从外面重新观看、审察自己的所作所为是否是最佳的选择,因此这样做就可以真切地了解自己了。

在你身上,有什么是值得你反省的呢?有没有那种"只知责人,不知责己"的劣性习惯呢?在与人的交往中,你有没有做过什么对自己人际关系不利的事呢?你与人争论时,是否也感觉到了自己有不对的地方呢?你是否说过不得体的话?某人对你不友善是否还有别的原因?

人不是圣贤,都会有过失错误。但是,能不能知过即改、从善如流,却是成功者与失败者之间的最大区别。因此,我们要尽量做到"吾日三省吾身",不断增强自己的分辨能力,在看到别人的坏习惯的同时,也能主动地反观自身,使自己及早地了解自己的习惯误区,进而加以改正。

魔力悄悄话

时常自省,就如同对镜整衣,可以发现一个人不足之处,也可以窥见一个人思想与行为上的差错,这些都是一个人完善自我的最好习惯。

第二章
身体健康人生才幸福

　　在人的一生中,最值得珍惜的东西是什么? 有人说是快乐,有人说是金钱,有人说是家庭。正确的答案应该是健康。

　　全球的经济学家都在算一本帐:健康与经济的关系的帐,简称健康经济学。大家知道,一个不健康或生病的人会少创造财富,而且生病本身的花费现在成了一个全球性的巨大包袱。"病从口入"并不仅仅指不卫生的饮食带来的身体疾病,而是还有不良的饮食习惯带来的营养失衡的问题。所以每个人都要养成健康的好习惯。

身体健康一切才有可能

居里夫人有句名言:"科学的基础是健康的身体。"她不仅自己注意锻炼身体,而且要求两个女儿也坚持"严格的知识训练和体格锻炼",使孩子长大成才。

她常带孩子去远足、游泳、爬山。后来,她的两个女儿都成了人才,大女儿还获得了诺贝尔奖。这种智体相长的例子是很多的。

牛顿幼年体弱多病,坚持从事务农和体育锻炼,身体越来越强壮,而有足够的精力进行科学研究,成为一代科学巨匠。弗兰西斯·培根在智体并重的教育熏陶下,后来成了现代实验科学的始祖。

自1901年第一次颁发诺贝尔奖以来,获奖的325位科学家里面,就有不少体坛健将:密立根是网球运动员,康普顿热爱球类运动,丹麦杰出的物理学家居里斯·波耳年轻时是丹麦国家足球队的守门员,那时即使是在比赛时刻,一旦对方攻势减弱,他就蹲在球门前从事物理演算,后来人们评价,居里斯·波耳早期的足球成就可与后期物理成就相媲美。

从反面来看,只勤奋读书,但不注意体育锻炼,就会把身体弄垮。仅以俄国作家为例:

杜勃罗留波夫死时26岁,别林斯基死时35岁,果戈理死时43岁,契诃夫死时44岁,这多么可惜啊!现在有的年轻学生,早晨不做早操,课外也不锻炼,还以为这就是节约时间,其实是得不偿失的。因为这样下去,就会由于脑子不听使唤而降低了学习效率,长此下去,甚至造成身体素质越来越差,神经衰弱越来越严重,视力不断减退。

赚钱可以说是人生中最大的快乐之一,它除了能够提供多数经营者主要的智力刺激和社会互动之外,还是许多经营者唯一能展露才能、竞争获胜并获得掌声的标准。

拼命赚钱除了可以带来名声之外,还可带来财富、权力及擢升。但是,如果一个人真的把每一分钟清醒的时间都用来赚钱,而完全忽略自己的健康,那将是得不偿失的。因为,人不是那种只会干活不需要吃饭、睡觉和休息的机器。

强健的心理、情绪与精神,都来自强健的身体。假如一个人想功成名就,第一步,就是要考虑健康问题。因此,在能够出人头地之前,首先需要学习的一个简单而重要的课题,就是让自己的体格强壮的能力。因为只有一个身体健壮的人,才能具有精明的脑筋和旺盛的精力。没有好的身体,在这个世界上,什么也甭想实现。

简单地说,身体健康是一个人获得成功的"硬件",一个人成功的基础是身体健康。通过体育锻炼和良好的饮食,才能有聪明睿智的脑子。

可现代大多数人最容易犯的一个毛病,就是对于已经拥有的东西不怎么珍惜,而对于将要失去的却常想挽留,这一点在对待健康方面体现得最为明显。当一个人无病无灾时,他总觉得自己是"铁打"的机器人,可以不吃不喝一天干它 24 个小时。这种情况多体现在年轻力壮的青年人身上,因为年轻,他们不懂得爱惜自己的身体,天天为赚钱而奔波,在商场里逐鹿争雄,总想着出人头地。

不过,当到了一定的岁数,精神和体力都会明显衰退。到了百病缠身时,他们可能要花上大量的时间用来休养,无数的金钱进行治疗。其实,如果在年轻时就注意自己身体的保养,也可能用不了多少时间和金钱,就会拥有一个强健的体魄。

虽然都市人的寿命在统计数字上看,确实是随着医疗条件的改善而有所延长,但是人的健康状况却并不怎么如意。许多现代"文明病"随着超负荷的工作压力、食物添加剂、空气污染、环境恶化等,而死死地"缠"住人类。

比如说,交通拥挤、工作上的明争暗斗、没完没了的超负荷工作,都会令人情绪紧张和呼吸急促,造成内分泌失调,可能患上诸如便秘、痔疮等疾病,进而使人情绪不安、暴躁。据有关资料显示,很多病是与人的情绪有直接关系的,这些疾病包括糖尿病、忧郁症、关节炎、腰酸背痛、高血压、哮喘、头晕目眩、心律不齐、综合疲劳症等。

其实,健康就是财富,我们千万不要为了追求其他而忽略了自己最大的财富——健康。做人除了要懂得给自己减压之外,及时进行适当的治疗,注意日常保健也非常重要。食物方面，我们不妨多选取一些新鲜的东西，不含添加剂和色素者为佳。像罐头、方便面、饮料、巧克力等，都不会给人带来健康的身体和需要的营养，我们尽量少吃或不吃。

　　只要合理安排，注意健康与一个人的工作和事业丝毫不会产生矛盾，有时一个微小的举动或者一个很简单的改进，都会令我们享受到健康的快乐。当疲惫不堪时，与其勉强苦苦地硬撑着在那里学习，不如稍稍休息一下，然后再以充沛的精力投入学习，我们会发现这样做之后学习效率会更高。

魔力悄悄话

　　通常生活里的我们，似乎已经习惯了按部就班，习惯了先说"那不可能"，习惯了没有奇迹，习惯了一切，习惯了自己的习惯。可是正如电影《飞越疯人院》中麦克默菲说的那样："不试试，怎么知道呢？"

养成关注健康的好习惯

有两个人,一个是体弱的富翁,一个是健康的穷汉。两人相互羡慕着对方。富翁为了得到健康,乐意出让他的财富;穷汉为了成为富翁,随时愿意舍弃健康。

一位闻名世界的外科医生发现了人脑的交换方法。富翁赶紧提出要和穷汉交换脑袋。其结果,富翁会变穷,但能得到健康的身体;穷汉会富有,但将病魔缠身。

手术成功了。穷汉成为富翁,富翁变成了穷汉。

但不久,成了穷汉的富翁由于有了强健的体魄,又有着成功的意识,渐渐地又积起了财富。可同时,他总是担忧着自己的健康,一感到些许的不舒服便大惊小怪。由于他总是那样担惊受怕,久而久之,他那极好的身体又回到原来那多病的状态里,或者说,他又回到了以前那种富有而体弱的状况中。

那么,那位新富翁又怎么样呢?

他总算有了钱,但身体孱弱。然而,他总是忘不了自己是个穷汉,有着失败的意识。他不想用换脑得来的钱相应地建立一种新生活,而不断地把钱浪费在无用的投资里,应了"老鼠不留隔夜食"这句老话。

钱不久便挥霍殆尽,他又变成原来的穷汉。然而,由于他无忧无虑,换脑时带来的疾病也不知不觉地消失了。他又像以前那样有了一副健康的身子骨。

最后,两人都回到了原来的模样。

这个故事告诉我们:"健康和富足都是习惯的产物。"因此,为了身体的健康和生活的幸福,我们要养成关注健康的习惯。

正确理解和把握健康的标准

身体是一个人赖以生存和生活的物质基础。离开了这一物质基础,就谈不上从事社会活动和改造自然的活动,更谈不上个人事业的成功了。身体对每个人来讲,都是首要的,其健康状况直接关系到一个人的日常活动。因此,养成关注身体健康的习惯对一个人一生的影响是非常大的。

这里所讲的身体是指生理上的"身体"——这一概念和动手能力的有机结合体。生理学中的身体是指物质人体,而动手能力是这一物质人体所具有的基本能力。

生活在世界上的人们,有些人认为他健康,而有些人体弱多病,人们认为他不健康,健康与不健康有什么差别,健康又有什么特殊的标准呢? 一个完整的身体包括健全的身体、健全的大脑和完整的身体机能等几个方面。

1. 健全的身体

人体从外部来讲,分头部、躯干和四肢三大部分,从内部来讲,又分为器官、系统等等。只要这些生理部分不缺损,我们就认为是一个健全的身体。

2. 完整的机能

人的每一个器官、每一个系统,都有一定的功能,比如手,是用来参与社会实践的,需要推、拿、弹、提;脚,是用来走路的;眼,是用来观察自然现象的;而耳朵,则是用来听声音的……这些生理机能,如果没有缺乏,那就是具有完整的生理机能。

3. 健全的大脑

大脑,是人所拥有的最重要的物质器官,是人身体的重要组成部分,是人协调自身的各项机能和各项活动的中枢,也是处理人与人或人与自然之间矛盾的司令部。大脑的健全与否,直接影响人类的社会活动。

什么样的大脑才算健全的大脑呢?

这个问题是很难说清楚的,也没有一个明确的标准,但有几点一定要具备才行:

(1)记忆能力

很多现象和情景是可以再现的,类似的情景再现时,就需要准确的记忆和判断,来帮助人改善自然。

（2）贮存能力

与记忆很相似，许多不同的情景再现后，大脑可以按条理或按某一规律，把它们一一刻痕在一定的部位进行贮存。

（3）思维能力

这是大脑健全的一个最主要的标志。在物质和意识的关系中，物质决定意识，而意识对物质又具有能动作用。这个能动作用，就是通过人的大脑对各种现象的比较和归纳、思维，最后总结出某些规律，再把这些规律运用来指导实践。这其中重要的一个环节就是思维。

（4）分辨能力

分辨能力在有些地方又叫判断能力，也是思维的一个方面。

大脑只要具有上述这四种能力，特别是思维能力，就可称为是一个健全的大脑。

4.健康的精神

良好的身体，不仅包含强健的体格，还包含有健康的精神。只有精神健康的人，才会不断地战胜自己，创造机遇，把自己的事业推上成功。

一个精神健康者，应该具有如下特征：

（1）诚实

他们说话做事光明磊落，从不模棱两可或用谎言欺骗人，也从不欺骗自己。他们认为，就应该做生活的强者，要么活得轰轰烈烈，要么活得平平淡淡，无论什么样的生活，都能显示一个真实来。

（2）自尊

具有健康精神的人是非常有自尊的，他们不喜欢生活在别人的阴影之下，他们希望靠自己的奋斗，自己的能力，拼搏出一块属于自己的天地来。

因此他们不断地学习，补充自己的能量，坚持奋斗在事业的第一线，不断地超越自我。

这样的人，有良好的人际关系，但决不依赖别人，他们具有自己的价值观和世界观，也尊重别人的价值观和世界观。

（3）自立

具有健康精神的人，在生活中从不处于被动地位，他们不会因为别人的鼓励而改变思想，也不会因为别人的憎恨而停止实践，他们会在自己的信念下，用自己的方式，坚定不移地完成自己的事业。

（4）充满活力

精神健康的人，休息时间似乎比别人少得多，但他们精神饱满，富于激情，任何时间都有事可干，大部分时间都在工作中度过。他们做事，从不疲倦，而且能发挥自己的能量，具有超人的毅力，也从不因工作而累坏身体。在生活中，也总是充满朝气，永不厌倦。

（5）热爱生活

精神健康的人，总是以饱满的热情投入到生活中去，认真地完成自己的工作，正确面对现实。用愉快的心情，积极的努力来改变现实，从中获得乐趣，享受生活。

（6）风趣、幽默

精神健康的人，是一个心胸宽广、乐观活泼的人。

在生活中，总是以风趣、幽默来代替呆板、乏味，从而激发人的活力，消除人与人之间的隔阂。他们会创造一种乐观向上的生活局面，激励人在逆境中奋进。和这样的人一起生活，我们也会被感染上活力，会觉得生活更快乐。

（7）善待失败

一个人的一生，不可能总是由成功铺满，肯定会有许多失败做先导，如果不能正确对待失败，人就要再次走向失败。

精神健康的人，不怕失败，认为失败是暂时的，是成功的前奏，他们善于在失败中寻找教训，获得经验，然后再征服失败。

同时他们认为，所谓的成功，只不过是别人对你的评价而已，完全不影响自己的价值。

从另一个方面来讲，失败又是人生价值的一种体现。

（8）勤勤恳恳

精神健康的人，能正确地看待个人与他人、个人与社会的关系，能把自己放在一个正确的位置上，踏踏实实，不怕吃苦，勤勤恳恳地奋斗，一步步地接近自己的目标，从不好大喜功、华而不实。

（9）勇于探索

精神健康的人，始终保持着一颗年轻的心，对未来好奇、向往，追求真理。

他们不会在乎前进中会有多少挫折，更不会被困难所吓倒，他们凭着对真理的追求，披荆斩棘。对什么事情，都要亲自去试一试，找到答案。

（10）向往明天

精神健康的人，不会悔恨过去，他们清楚地知道，过去的已经过去，过去的失败，用悔恨是悔恨不出成功的，只有在失败中找出教训，才能有益于成功。

精神健康的人，也不会忧虑未来。未来是一个未知数，为未来而忧虑，是毫无意义的。

魔力悄悄话

试着留住一些信念，在它们消失殆尽之前。它们也许无法最终实现，也许无法让我们更有意义地活着，但如果没有信念的支撑，我们凭借什么去度过生命中的茫茫暗夜呢？

营养健康都要有

中国历史源远流长,自从有了人类的时候,也就有了我国 5000 多年的饮食文化。中国农业的鼻祖神龙氏,也常被称为是中华民族的祖先,曾经不惜生命,遍尝百草滋味,水泉甘苦,也曾一天受到百毒侵袭,目的就是为了找到能够适合原始人们吃的食物资源。

同时,"五谷为养、五果为助、五畜为荣、五菜为充"的十六字配膳大法,也是我国古代医药学家、营养学家、美食家,经过不断的探索和配置,留下的符合身体素质需求的食物结构模式。我们的祖先最后还是找到了丰美的动植物食物,有的被种植,有的被畜养。随着历史的发展,这些饮食经验和财富不断扩展和丰富,营养与健康等饮食习惯逐渐成为了一门学问。

"民以食为天",从一个婴儿呱呱坠地开始,也可开始了不断地从外界摄取身体所需要的各种营养,这样维持生命和生长发育,这样才能有充沛的精力、强壮的体魄从事各种劳动,健康生活,繁衍后代。

在整个生命循环过程中,营养是维持生命的基本物质,以此提供给细胞所需要的能量,达到各组织器官的协调运作。人的生命就像一棵幼苗,需要不断地给它浇水、施肥、培土,它才能苗壮成长。没有营养也就没有健康和生命,可见营养对于人的生命的重要性。

在营养补充的过程中,如果不是均衡的营养就会使身体阴阳失调,进而导致疾病的发生。还是以一棵幼苗来说,如果没有均衡的水分和养料,那么这样的幼苗就很难健康苗壮的成长为一棵参大大树。若以此看我国部分地区人群的生活状况,由于食物结构不合理,或者是食糖过多,食物中动物蛋白和脂肪比例过大等原因,都会导致或加剧现代社会中出现"文明病"的概率。例如,高血压、糖尿病、动脉硬化、冠心病及肥胖症等,并且这些"文明病"已成为致使人类死亡的重要杀手之一。

最近一次中国营养学会组织的中国居民营养与健康状况调查表明,我国居民膳食营养搭配不均,加上缺乏体育锻炼是导致高血压、糖尿病等疾病高发的主要原因,而铁缺乏和缺铁性贫血是我国普遍存在的营养问题。随着社会的发展,人们的生活压力越来越大,生活也在逐渐的失去规律。目前,营养问题引发的疾病已经成了现代人们的无形杀手,而缺乏营养、营养过剩和营养失衡是营养不良的三大主要表现,它们直接影响到人的健康。

因此,科学合理地给人体补充营养,要以"未病先防"作为保证身体健康的首要法则。要知道现代社会,治"已病"防"未病",以防病为主,积极保健养生才是应对未来健康问题的关键。所以,只有吃得合理,才能靠营养来平衡和调节人体免疫功能,才能生活的更加健康。

《黄帝内经》中说:"以一日分四时,朝则为春,日中为夏,日入为秋,夜半为冬。"又云:"阳气者,一日而主外,平旦人气生,日中而阳气隆,日西而阳气已虚,气门乃闭。"意思是说人体生命的根本在于阴阳二气的协调,而且人体阴阳之气与自然界阴阳又是相互通应的。所以养生应顺应天地阴阳的变化,保持人与自然的和谐。所以,无论是一个家庭还是一个人,应该根据气候、季节的变化,根据人们的不同性别、年龄,不同的生理阶段,不同的职业、环境进行饮食调配,以满足机体对营养的需要,这样才能合理科学,才能保障身体健康,推迟衰老,增加抗病能力。面对不合理的饮食和营养习惯,就要改善自身的生活方式,提供全面均衡营养保障,从营养中获得健康,从而提升生命的品质。健康需要一生地耕耘,营养要靠每天来补充。只有如此才能与健康相伴,拥有健康的身体,才能拥有真正的生命。

魔力悄悄话

生而为人,我们总是要"做些什么"的。孔子言:"饱食终日而无所用心,难矣哉!"即是说:如果让一个人吃饱喝足之后,什么都不做,那真是太难为他了!

养成合理膳食的习惯

所谓合理的饮食,即适宜自己的膳食,不吃或尽量避开"减寿"食品,以及适当地增加具有抗癌、防癌功能的食物。

合理饮食的结构和内容,首先是指摄取的食物多品种、多成分以及它们在数量上的合理搭配;其次是避开"减寿食物"。具体应注意以下问题:

1.避免单调的饮食

人体的蛋白质是由二十多种氨基酸组成的,其中十多种在体内可生成,另外还有八种体内不能生成,我们称其为必需氨基酸,必需氨基酸只能依靠外来食物供给。

为了同时获得品种齐全和数量成比例的八种必需氨基酸,以便有效地合成人体的蛋白质,最好每日之内摄取的食物多样化。否则,单食某种动物或植物蛋白质,所得的若干种氨基酸往往因相互比值不当(对人体而言)而不能有效地参与人体内蛋白质的合成。

2.保持多品种多成分的膳食

人体是一个极其复杂的有机整体,除需要蛋白质以外,还因其有神经、循环、呼吸等系统,需要更多不同种类的营养成分。为了让机体获得所需的营养成分,在可能的条件下,每天摄取的食物至少应达到 15 个品种;

(1)粮食 2～3 个品种:如米、面或玉米(或豆类及其他杂粮);

(2)油脂 2 个品种:如动物油、植物油(花生油、豆油等);

(3)蛋白质 4—5 个品种:如肉(瘦肉、鱼等)、豆制品、奶制品等;

(4)蔬菜 4～5 个品种(包括葱、蒜、香菜等调味品);

(5)水果 2 个品种以上。

3.多食用富含水分的食物

如果我们想过生龙活虎的日子,那么唯有多吃富含水分且新鲜的食物,尤其是生菜沙拉和水果,我们才会过得更健康、更有活力。

由于水果容易消化,且供应大量的精力,所以是最佳的食物。

吃水果一定要在空腹的时候。为什么呢？原因是水果的消化不在胃里而在小肠。当水果进入胃后没几分钟便进入小肠，在那里水果才释放出果糖来。若水果和肉、马铃薯及其他淀粉类食物一起混在胃内，便容易发酵。

4.一日三餐,合理安排

合理饮食的安排，就是将一日三餐饮食的内容尽可能地符合正确膳食的要求。对于某种疾病患者，还可以选取某些食物作为辅助性的"食疗"之用。

(1)主食的安排

主食安排的基本原则是：以少食精白细粮(如精米、精粉等)而多食营养价值较高的粗粮和杂粮、豆类的混合食物为宜。

(2)副食的安排

副食的合理安排，就是动植物蛋白质、油脂、蔬菜和水果等的合理搭配。过多偏食荤油或素油，都不利于人体的健康。只有荤素油脂合理搭配、混合进食，才能"扬长避短""互补有无"，而充分发挥各自的营养价值和生理作用。

(3)注意饭量

我国古人在很久以前就提出了"早饭宜好、午饭宜饱、晚饭宜少"的养生格言。现代营养学家提倡三餐饮食量的分配为：早餐占全天总量的35%，午餐占40%，晚餐占25%，也正是对这一原则的进一步具体化。

(4)定时

定时是指一日三餐有较为固定的进食时间。因为有规律地进食，可以保证消化器官有规律地运转，便于食物在体内有条不紊地消化、吸收和营养的输送。根据我国膳食结构及饮食习惯，早餐最好安排在7点左右，午餐以12点左右为宜，晚餐宜在晚上6点左右。

积极进行健康管理

良好的健康，并不仅仅指避免早逝等。许多和压力有关的疾病，并不一定会置人于死地，例如关节炎、哮喘、溃疡、结肠炎、糖尿病、湿疹、偏头痛等等都是。其中一些疾病，是由身心问题引起的，这就是说，心理上的失常，会在生理上表现出来。除了生理疾病以外，还要能控制情绪和精神痛苦，才算是健康。情绪方面的疾病像焦虑、恐惧、惊惶、生气、怨恨、厌恶、罪恶感、无助感、不适宜的感觉,都跟任何生理疾病一样对人造成伤害。精神疾病则是另一种骚乱的原因,这些疾病的种类有:高血压、神经官能症、癫狂忧郁症、分心、恐惧症、歇斯底里症。

这些坏习惯通常很难戒除,那么我们该怎么办,才能积极进行健康管理,养成健康的习惯呢?

1. 认清影响健康的因素

压力和坏习惯会造成健康问题。有时候我们会这样想,压力造成的疾病,是追求成功的人士才有的问题。其实完全不是这么回事,生活中所有的人都一样受到压力。

不良的生活环境、单调的生活、负担过重、过高的目标、高品质的标准、严密的监督,以及生活中其他许多层面都可能造成压力。

若想革除有害的习惯,以健康的习惯来代替,关键就在于认知事实,就是要知道,自己到底有哪些坏习惯。

2. 相信自己能控制自己的健康

有些人不承认自己会生病,这样的人也常常会觉得,对自己的健康无能为力。这是种很常见的命定论,"如果我注定要完蛋,再怎么担心也没有用"。

自我管理的哲学中,可千万不能有这样的想法!这样的态度是很愚蠢的,因为虽然我们改变不了天生的资质,我们的生活方式和所做的事情,还是会影响到我们的健康,我们能控制的并不少。

3. 要能让自己过得快活

我们对于自己的坏习惯,往往会很固执,不愿意放弃。

"除此以外,我就没有什么其他的娱乐了。"我们通常会这样说。其中有大部分原因是,我们没有让自己过得快活一点,甚至不知道我们有时候需要过得快活一点。男人似乎对这一点有特别的感受。

大多数的人认为,真正男人不会纵容自己泡在浴缸的热水中,不肯让自己休息半天时间,不肯穿自己喜爱的衣服,不肯拿半小时时间来读一本好书,真正的男人应该要能忍受厨房中的热气,要能忍受到热死人的程度。

其实,男人们完全可以让自己改变一下,让自己过得快活一点,是戒除坏习惯不可或缺的一环,也只有这样,才能保持健康。

4.争取别人的支持

这是养成健康习惯的又一个主要步骤,这是因为,假使其他人不是站在我们这边,很可能就会拖我们的后腿。有些人喜欢逼人家喝酒、抽烟,这些人也在寻求伙伴,只不过是自我毁灭的伙伴！倘若我们希望戒除自我毁灭的不良习惯,养成新的、健康的习惯,那么最好是能找到支持我们的人。

魔力悄悄话

健康管理是自我发展中很重要的一环。如一些做生意的人经常应酬吃饭,吃得太多,或者把失意闷在心中,免得示弱,其实这样对他们自己没有一点好处,而且是给他人立下了坏榜样,等于鼓励别人损害自己的健康,对自己、对他人、对生意都不好。

自己就是最好的医生

发展健康的心理

哈佛大学和世界卫生组织的研究指出,我们正面临精神病危机,这种疾病不仅损害人的健康,而且给商业经济带来巨大的影响。心理健康和商业经济关系研究所负责人比尔·维尔克森说,抑郁症是"公众健康的头号敌人":"在今后 20 年里,精神病,尤其是抑郁症会造成更多人丧失劳动力,它所造成的危害比癌症、艾滋病和心脏病还严重。"

避免精神病困扰的重要措施就是发展健康的心理。

健康的心理就是平衡的心理。具体表现在以下几个方面:

1. 情绪低落和情绪高涨的平衡

健康的心理不会有长期的害怕、恐惧,或永恒不变的幸福感。碰到情绪低落或精神压力很大的时候,感觉到发狂或沮丧是难免的,否则的话,我们的心理就不正常了。阳光普照的日子里,觉得很舒畅;碰到困难的时候,觉得害怕、焦虑;心爱的东西失去了,我们会觉得忧伤;这些都是正常的现象。不过,这些感觉通常都是短暂的,不久就成了平静的回忆,而那些事件也就成了我们过去的历史。

2. 自己主张和别人建议的平衡

一个人不能过于武断,满脑子都是自己的主张,也不能过于依赖别人的建议,这样才算拥有稳健、平衡的心理。要是能倾听别人说的话,尊重别人的看法;在不赞同别人看法的时候,也是出于自己的意愿;凡事都根据自己清晰而一贯的理念,那么我们就有平衡的观点或开放的心灵。

3. 注意宏观和微观的平衡

心理健康的关键,并不是这样或那样,而是既这样也那样。有两种同样值得向往的特质,这两种特质具有互补作用,保持平衡就是要介于这两种特质之间;假如只有其中一种特质单独存在的话,就有失偏颇而不健康。举个例子来说,注意细节,也要能看到全局,这两者之间要保持平衡。健康的心理要两者都能兼顾,掌握得住细节,也看得到整体情况,感觉得到有关的一般原则。受困于琐事,或者老是不切实际地一概而论,都是太过武断,这两种态度都是不健康的。

4.感觉和情绪必须保持平衡

要有健康的心理,感觉和情绪必须保持平衡。我们必须知道自己的感觉,但是也不要受到感觉的压制。有时由于害怕受到感觉的冲击、没办法应付感觉,往往会令人否认或压抑自己的感觉,这是很不健康的。有了压抑的感觉,最后免不了以不健康的方式发泄出来,也许是发脾气,也许是内心郁闷,直到形成心理病态。

生活中,特别容易发生不平衡状况,而且会造成问题。其中一些典型的不平衡状态,是发生在工作和游乐之间、家庭和工作之间、思想和行动之间、物质报酬和艺术或精神表现之间。这些不平衡的状态,可能会导致一方面过度,另一方面贫乏。心理不平衡,会造成家庭和人际关系的破裂,导致更大的压力,最后会发展出偏颇的个性。若想以健康的方式来管理他人,首先就要把自己管理好,要有健康的心理和平衡的生活。

如果一个人拥有健康的心理,那么怎么才能知道自己是"健康"的呢?在心理学上主要用三个标准来衡量怎么样才属于健康的心理状态,即包括良好的个性、良好的处世能力、良好的人际关系。

良好的个性包括很多方面,如性格稳定、温和、开朗乐观、意志坚强、感情丰富、胸怀坦荡等。个性虽然是在长期的社会生活中形成的心理特征,但要想拥有良好的个性,只要制定长远的计划,改正自己的弱点,慢慢培养,就能将自己培养成为一个具有良好个性的人,也正是苏格拉底所说的那样的人格和道德。有了良好的个性,才会以积极的态度去面对生活,乐观的充满希望的对待未来,对人生也会充满理想。

而良好的处世能力主要包括良好的适应能力和良好的自控能力。适应能力是指一个人对所处环境的应变能力。无论身处什么样的环境,都要能够快速地调整状态适应所在的环境。正所谓是"适者生存",这是大自然的规律,同样也是社会生活的规律。否则,就会很快的被环境所淘汰。只有适应了,才能找到乐趣,找到自己的价值。

自控能力主要是指一个人对自己情绪的控制力。每个人在生活中都会遇到那样这样的困难和挫折,都会产生悲观、绝望、消沉、萎靡等那样这样的不良情绪。如果不能很好的控制不良情绪,甚至有可能因为冲动、暴躁等不良情绪而做出违反道德或法制的事情。所以,在生活中,要学会控制自己的不良情绪,这样才能够保证自己不做错事,才能理性地解决生活中遇到的各种难题。

最后就是要看你有没有一个良好的交际关系。心理健康,才能拥有健康的性格,健康的处世原则,也才能形成一个健康的人际关系网。**心理健康的人会通过助人为乐、与人为善、宽厚待人、珍视友情等方式主动地与周围的人搞好关系,就能够有效的沟通,不断的交流,从而不断的完善自己。**

病由心生

春秋战国时期的《黄帝内经》是中国最早的医学药典,"养生"这个词最早就出现在《黄帝内经》里。中国的养生学讲的就是和谐,《黄帝内经》中提出养生三个原则是,分别是人与自然和谐,人的心态和谐和人的身体和谐。正如《黄帝内经》所表述的:"故智者之养生也,必顺四时而适寒暑,和喜怒而安居处,节阴阳而调刚柔。"而其中的"和喜怒而安居处"讲的就是保持不喜不怒心态的境界。可见心态是多么的重要。

但是随着社会的发展,时间的机器仿佛运转的越来越快,就在这种高速度的社会生活中,因为不注重心态上的和谐和调整,很多人都面临着疾病和"亚健康"的困扰。在我们的生活环境中,每个人都知道"病从口入"的医学常识,但是,"病由心生"的道理也应该引起和得到人们的重视。

在《黄帝内经》中早就有所记载,一个人的生气、发怒、伤心等心理反应都会影响身体器官的正常功能。直到现在,科学家研究了自主神经所控制的器官功能与不良情绪的关系之后指出,心理因素之所以会影响身体内脏器官功能,主要原因就是情绪活动的影响。例如,一个人情绪低落的时候,就会引起消化功能紊乱,胃部肌肉就会强烈收缩而引起胃部疼痛,严重时还会发生溃疡。这是一个简单的例子,事实表明,一个人的心态对健康起着至关重要的影响。

当然,病由心生,并不是指一个人的心脏问题,这里的"心"就是指一个人的心理状态,内心情绪。在实际的生活和工作中,我们常常会感到,当一个人处于良好的心理状态和内心情绪时,自己所做的事也就会感到很轻松,会大大地提高体力和脑力劳动的效率,起到事半功倍的效果;相反,当一个人处于不良的心理状态,如消极、焦虑、抑郁、愤怒、恐惧、痛苦等情绪时,他的生活和工作往往会是一团糟,甚至引起神经活动机能失调而导致身体疾病。

不仅如此,一个人的情绪是否稳定也和自己的身体健康有着紧密的联系。我们还是医学上的发现来说明这一点,研究发现,情绪的不稳定可以引起荨麻疹,还会干扰大脑对皮肤的调节功能,因而引起皮肤阵发性剧痒,皮肤就会出现苔藓状变化,而发生神经性皮炎。除此之外,情绪与心肌肉、呼吸、血管、泌尿、内分泌、新陈代谢等功能都存在着密切的关系。当一个人生气时,自主神经系统的交感神经就会极度兴奋,就会大量释放肾上腺素而引起血压急速升高,心跳突然加快。一旦遇到这种情况,患有冠心病、高血压的人就容易导致冠状动脉强烈收缩,引起心肌梗塞或者引起脑血管破裂,引起脑溢血的症状,这样的"一怒",就有可能危及人的生命。

所以很明显,情绪上的不稳定或者是反差很大的波动,都会导致人们心态上失调,从而引起身体上的不适,引发或加重某些疾病的病情。

现代人都在说"身体是革命的本钱",此话当然是不错,但是由于人们执着于各自的事业,各自的目标,即使是认识到健康的重要性,每天锻炼、吃营养丰富的饭菜,但是还是不能有效的控制自己的情绪和心态。现代医学心理学研究证实,现代人的情绪释放受到各方面的影响,例如心理因素、社会环境、人际关系、物质条件等,一旦消极情绪位居上风,就会降低人体的抵抗能力,削弱人体的生理机能,最终导致疾病缠身。如果到了这个时候再去想"革命",再看看自己的身体,也只能是望洋兴叹了。

在平常的生活中,不要忽视"病由心生"这样的一个常识。正所谓"笑一笑十年少",放宽自己的心态,适当地为自己减压,这样对自己的生活和工作都很好,正是两全其美的方法。如果等到心理因素对生理因素起作用,再等到心理障碍引起生理障碍,那时候,你只能是百般无奈的求助于医生了。

平衡你的心态

心态的好坏往往取决于自身的感受,如果你用消极、悲观的眼睛去看世界,那么世界呈现给你的就是一个"悲惨的世界",是一个"无可奈何花落去"的世界;相反,如果你以一种积极、乐观的心态去看周围的世界,那你的周围就是一片"艳阳天",永远是晴空万里,碧天如洗的样子。所以,什么样的世界和生活就看你自己的心态了。

平衡心态,处事不惊,是一种理性的平衡,是人格升华和心灵净化后的崇高境界,是宽宏、远见和睿智的结晶,不是要求你麻木不仁,对身边的任何事物都是一种"事不关己高高挂起"的心态。现代人总是愿意去买各种各样的补品,或者是买各色各样的保健品以安慰自己的心理。但是简单的外表的保健和补品都难以超过心态平衡的作用。有了心态平衡,才有生理平衡,才有了人体器官和机能的正常运行。这样你的健康才有了保障,疾病才会离你而去。

记得在卡耐基的故事里,有这样一个真实的事件。

艾尔·汉里被诊断得了严重的胃溃疡,在医院住了很长的时间,都没有什么效果。有一天,艾尔·汉里突然想起来,自己以前最大的梦想就是周游世界,只可惜到了现在还是没有实现自己的愿望。医生告诉艾尔·汉里,他现在只能吃些流质的食物,并且认为他已经无药可救,坚持不了多长时间了。

刚开始,艾尔·汉里整天忧虑重重,难道是只能等死了吗。他想在最后的时间里完成自己的那个愿望。于是,艾尔·汉里买了一副棺材,抛弃了所有后顾之忧,再和轮船公司商量好,万一他在船上去世的话,就把尸体放在棺材里抛进大海。当艾尔·汉里开始旅行的第一天,奇迹就慢慢的出现了。首先是汉里感觉自己心情好了很多,不久,他既然能吃任何食物,甚至还可以抽烟、喝酒,好像他从来就没有得病似的,他自己也几乎忘记了自己的病情。周游世界的旅行继续着,可他已经很长时间都不再吃药了。经过几个月的航行,艾尔·汉里竟然奇迹般的健康的回来了,而他的严重的胃溃疡也已经不治而愈了。

经常让现代人感到不可思议的是,怎么现在生活水平越来越高,而生病的人反而越来越多。一直以来,人们以为引发各种疾病的原因是自己的生理机能出现了问题,因此到处求医问药。其实,心态对人们健康的影响是很大的,不可忽视。

习惯——平生可惯闲憔悴

大家都说"人生不如意十有八九",既然这么多的不如意,如果一个人每天都只是为了这样的事情而愁眉不展,郁郁寡欢,最终影响自己的身心健康,这是一桩最大的"赔本生意"了。所以要想保持美好的心情,平衡自己的心态,这样才能健康生活、快乐生活。其实人最好的医生就是自己,只要保持心态上平衡,重视心理上的调节,保持愉快情绪,稳定的情绪,你就可以获得健康。

魔力悄悄话

正如一些学者所说,有什么样的心态,就会有什么样的人生。文学大师巴尔扎克也说:"苦难是生活最好的老师"。他不是在教导人们都去品尝一下生活中的苦难,而是在提醒人们,当自己遇到生活中苦难的时候,平衡心态,正确对待,自觉保持永远快乐的心境,才能把苦难当成是生活最好的老师。

健康用脑有讲究

由于大脑的复杂性,所以至今我们对大脑的了解还十分肤浅。尽管如此,有一点还是肯定的,即大脑是物质构成的,它与其他物质一样,必然有它自身的活动规律。因此,我们一定要按照那些已经了解的用脑规律进行学习,才能一方面提高学习效率,一方面保证大脑的健康发展。

那么,应该怎样讲究用脑的卫生呢?

1. 保证脑细胞的"物质供应"

大脑的神经细胞在进行正常活动时,新陈代谢十分旺盛,所以要消耗大量的能量。

大脑的重量只占体重的2%,而耗氧量却占了全身耗氧量的20%,当大脑积极活动时,耗氧量将达到全身耗氧量的33%,大脑神经细胞除了需要得到大量氧气外,还需要从血液中源源不断地得到葡萄糖的供应,血液中葡萄糖的浓度达到0.1%时,大脑神经细胞才能在氧化分解葡萄糖的过程中得到生命活动所需的能量,当然脑细胞在新陈代谢过程中,成分要不断地得到更新,同时不断地得到必需的其他营养物质。

懂得了这些,就不难理解为什么全身有1/5的血液专门供应给大脑了。大脑的血液供应不足,血液中的葡萄糖含量低于0.1%,血液中的氧气含量偏低,都会使大脑神经细胞的工作效率下降。在一般情况下,脑神经细胞一分半钟得不到氧气,人就会失去知觉,若五六分钟得不到氧气,神经细胞就会死亡。

总之,要想使学习能正常地高效率地进行,就必须保证脑细胞的正常"物质供应",即葡萄糖和氧气等物质的供应。

具体应注意如下几点:

(1)不要不吃早饭,在饥饿状态下学习

有些人习惯于不吃早饭。由于处在饥饿状态中,脑细胞所需要的葡萄糖就只能来自肝脏中贮存的肝糖,这样就很难满足脑细胞的需要,脑细胞正常活动所需要的能量因缺少葡萄糖而不能得到满足,大脑的神经细胞就逐渐走向抑制,或者说休息状态,工作或学习时就会无精打采,注意力无法集中。为了保证在整个上午的工作和学习过程中脑神经细胞能源源不断地得到充足的营养物质,为了不让饥饿感分散上课时的注意力,一定要吃好早饭。

（2）不要在饭后马上学习

人体内血液的分配一般和器官系统的活动状态相一致。饭后,消化系统在消化和吸收上的负担很重,流经消化系统的血液量增加,脑的血流量相对下降,脑神经细胞的功能状态也自然要差一些。饭后立刻学习爱发困大概就是这个缘故。这表明饭后立即学习,不仅学习效率低,还会影响消化系统的正常功能,天长日久还可能引起消化不良等胃肠疾病。

（3）尽量在新鲜的空气中学习

在空气污浊的环境中学习,时间一长就常常产生哈欠不止、头脑昏沉的现象,学习效率自然很低。

道理很简单,不通风透气,室内含氧量就会下降,二氧化碳含量则会上升,细胞进行生命活动所需要的氧气就会供应不足,葡萄糖的氧化分解受到影响,脑神经细胞所需能量得不到保证,导致大脑的功能减弱,学习效率也必然下降。

因此,在学习时要注意休息,尽量开窗,有机会就到室外散散步吸点新鲜空气,使人体得到充分的氧气供应。

2. 保证大脑的休息

保证大脑的休息,这是使大脑神经细胞发挥正常功能的必要条件,休息的方式主要有以下几种:

（1）睡眠休息法

睡眠是各种休息中最重要的一种方式。睡眠时,大脑基本上处于停止工作的抑制状态,即休息状态,经过睡眠后,可使疲劳的大脑重新恢复正常的功能,从而保证了大脑的健康。睡眠不好,脑的功能就会下降,严重的还会引起各种疾病。

经过充足的睡眠,起床后感到精神饱满,学习效率大大提高,这是大脑神经细胞机能状态较好的表现。中学生每天睡眠时间以保持在八小时或九小时为宜。

（2）交替活动休息法

有意识地变换活动内容和学习内容,不单调地长时间地从事一项学习活动。这样,就可以保证大脑皮层的细胞轮流休息和工作,从而使工作效率提高,不易出现疲劳现象。

具体做法是学习活动和体育活动交替进行。例如课间打打羽毛球,下午课后锻炼一小时,这样在学习时基本上处于休息状态的躯体运动中枢开始"工作"起来,而与学习活动有关的神经中枢就处于抑制状态,得到了休息,这种休息叫积极的休息,既锻炼了身体,又使学习后疲劳的大脑得到了休息。

除此以外,也要交替安排不同性质的学习内容。交替学习不同功课,要比连续学习同一门功课效果好。

3. 学习生活要有规律

如果把一天的学习、工作、劳动、锻炼、娱乐和睡眠等时间做出科学的安排,然后严格地执行,经过一段时间,前面的活动刺激就很容易成为后面活动的信号,建立起条件反射,使大脑皮层各区域的兴奋和抑制,或者说工作和休息比较协调,有节奏。到一定时候就能入睡,到一定时候就能醒来,坐下来就能很快地进入学习状态……使学习生活的安排建立在科学用脑的基础上,长期这样有规律地生活,让各种活动的变换达到自觉的地步,就可以减轻大脑的负担,保证大脑的健康,大大提高学习的效率。

魔力悄悄话

本杰明·富兰克林说:"一个人一旦有了好习惯,那它带给你的收益将是巨大的,而且是超出想象的。"这是他亲身体验得出的结论。

让自己有个好睡眠

医学专家认为,孩子的睡眠与生长发育是密切相关的。孩子的生长主要是在睡眠时完成的。科学研究发现,孩子的生长发育,除了遗传、营养、体育锻炼等因素外,还与生长激素的分泌有很大的关系。生长激素是人下丘脑分泌的一种蛋白质,它能促进骨骼、肌肉组织和内脏的生长发育,对促进新陈代谢也有一定的作用。而生长激素的分泌有其特定的规律,即人在入睡后才能产生生长激素,深睡一小时后逐渐进入高峰,一般从深夜10时至凌晨1时为分泌的高峰期,其分泌量约占总量的20%～40%。所以,如果睡得太晚,对于正在长身体的儿童来说,身高就会受到影响。因此,10岁以内的儿童在晚上8点睡觉最为适宜,17岁以内的青少年最迟也不要超过晚上10点睡觉,这样,过半个小时即可进入深睡期,就不会错过生长激素的分泌高峰期。

孩子睡得越香、越深,生长激素分泌越多、越旺盛,孩子生长发育就越好。

青少年时期是长身体的关键时期,按照科学的要求,小学生每天的睡眠不能少于10小时,中学生应该在8—9小时,这是正常的生理需要。可现在的孩子大都没达到这个标准的睡眠时间。而且,由于学习压力过大,相当大的一部分孩子睡眠质量也不高,对于学习和身体都是很不利的。

睡眠不足对健康的害处是显而易见的:其一,视力下降。其二,体质较弱。虽然现在人们的生活水平大有提高,但学生的身体素质不但没有相应的好转,一些体育项目的达标率比10年前还低。心脏病、高血压等成年人的高发病已开始侵害青少年稚嫩的身体。有的学生爬几层楼梯就气喘吁吁,一遇天气变化、季节交替,总有不少学生感冒发烧,打针吃药。其三,神经系统疾病明显增多。有的学生已开始出现神经衰弱症状,小脑缺乏活动训练,动作行为显得呆傻笨拙,而大脑思维反应也被圈死在课本、习题、考试的"怪圈"之中,对圈外更广阔的天地,有的孩子竟茫然无知。

实验表明,一个人 24 小时不睡觉,就会头昏脑涨、反应迟钝;48 小时不睡觉,就会思维混乱,行动迟缓;72 小时以上不睡觉就会视觉模糊,甚至会昏倒,失去知觉,危及生命。因此,睡眠是十分重要的,万万不可轻视。

为了保证身体健康,保证学习和工作效率,青少年一定要养成良好的睡眠习惯。

为了得到良好的睡眠和休息,注重科学睡眠是非常重要的。

1. 晚饭应早吃少吃

写完作业或者看完电视剧之后美美地吃上一顿,当然是件惬意的事。但是,深夜进餐对你的睡眠不利。你的新陈代谢需要一段平静的时间。如果你能在饭后散步 5 ~ 15 分钟的话,可能更有利于消化,而且你会觉得特别轻松。

2. 放下手头的工作

夜晚是为休息准备的,而不是用来弹奏吉他,也不是用来打扫房间,或者打电话询问什么消息的。如果你希望在就寝时间到来时略感疲倦或者昏昏欲睡,那么,放下你手中的杂志,关掉电视,马上休息。

3. 调整你的身体

在就寝前喝一杯热牛奶能帮助你很快入睡。这并不是老掉牙的神话,它有一定的道理。牛奶含有色氨酸,这种天然的氨基酸能帮助你入睡。还需注意的是,切勿饮酒。虽然大量的乙醇会使你不省人事,但是它对你的睡眠没有任何好处。事实上,饮酒抑制了你做梦状态的睡眠。睡前少量饮酒会使你在第二天醒来时感到更加疲惫。

4. 保持工作的适度紧张

白天繁忙的工作会让你晚上睡得更好,因为身体需要充足的睡眠以恢复精力,让你感觉良好。

5. 睡眠须注意的几个问题

(1)注意正确的睡觉姿势

睡觉的姿势以向右侧卧为最好。因为人体的心脏位于胸腔偏左的部位,如果向左侧卧,虽然也可以放松全身肌肉,但却会使心脏受压,阻碍全身的血液循环。右侧卧可以减轻心脏的劳累程度,保证全身在睡眠时得到必需的氧气,同时还可以保护肝脏,促进消化。

(2)注意枕头的高低

有个成语叫"高枕无忧"。

其实经过现代医学证明,"高枕有忧",枕头太高,容易使颈部两边的肌肉用力不均衡,从而发生扭伤现象。一觉醒来,感到颈痛、头疼,连扭头、抬头和低头都困难,这就是常说的"落枕"。枕头太高,长此以往,还容易患颈椎病,还影响呼吸,加重心脏负担。所以枕头太高,对人体有弊无利。枕头太低也不好,可导致眼皮发肿、头昏脑涨。一般来说,以肩部到颅部之间的距离为长度来初步确定枕头的高度较为适宜。再经过自己试睡并调整几个晚上,便可得到一个适当的枕高数据来。

(3)不要蒙头睡觉

把头蒙在被子里睡觉,外面的空气几乎被棉被隔离,氧气不容易进来,呼出来的二氧化碳也很难跑出去,以致被窝里的空气越来越混浊。人长时间吸入这种污浊的空气,身体各部分的器官就会失去良好的调节功能,第二天一醒来,便出现眼皮浮肿、头脑昏沉、疲惫乏力等现象。对于心、肺和其他器官尚未发育定型的少年儿童来说,健康受到的损害程度则更大。因此,不管天气多么寒冷,都不要蒙头睡觉。

6. 睡前"五不"

为保证睡眠有足够高的质量,睡前应注意"五不"。

(1)睡前不宜兴奋

睡前半小时不能做剧烈的活动(包括体育活动和劳动),不宜大声吵闹。学生临睡前不要听惊险故事,尽量避免思考难题,不要挂念事情或者想入非非。否则,就会造成入睡难或者睡后多梦,大脑得不到充分的休息。另外,浓茶、咖啡等"提神"饮品睡前不宜饮用。

(2)睡前不要吃东西

睡前吃东西,特别是油腻食物,或者吃得太饱,都会增加胃肠的负担,造成消化不良,长期下去易得胃病。再者由于胃内装有食物,将横膈肌向上抬,使胸部受压,人躺在床上会感到呼吸不畅。吃了东西就睡觉,食物残渣留在口腔,还可能诱发口臭或龋齿。

(3)睡前不刷牙洗脸坏处多

人们往往注意早晨刷牙,不重视晚上刷牙,其实后者比前者更为重要。由于夜里时间长,睡后人体各种机能减慢,防御能力下降,牙缝里留下的食物残渣经细菌分解而发酵产酸,龋蚀牙齿的机会比白天多得多。如果少年儿童睡前刷刷牙,清除牙缝里的食物残渣,避免牙齿受到龋蚀,可以保证口腔近 10 个小时的清洁卫生,其重要意义不言而喻。睡前洗洗脸,可以清洁面部和手掌皮肤,促进头部及上肢的血液循环,对大脑皮层是一种温和的刺激,对入睡有一定的帮助。

(4)睡前不要不洗脚

少年儿童新陈代谢旺盛,好动好玩,所以脚汗较多,再加上鞋袜覆盖,很容易产生臭味,使足部不卫生。睡前用温水洗脚,可以清洗灰尘与汗液,消除脚臭,减少霉菌感染的机会,还有利于保持床单被褥的洁净。洗脚还可催眠,预防冻疮,有百利而无一害。

(5)睡前不要多喝水,解小便后再睡

少年儿童中枢神经的管理能力较差。如果睡前饮水量多,或吃了含水分较多的食物(如西瓜、稀饭),很有可能发生尿床现象。即使没有尿床,由于膀胱充盈,不断向大脑皮层传送刺激信号,睡觉也不安神,一个劲儿地做梦。半夜起来小便的次数多了,既打扰睡眠,又容易感冒。因此,睡前宜少饮水,解小便后再上床睡觉。

7.改善睡眠的环境

研究表明,看着一些悦目的东西是一种放松,它有助于你的睡眠。最好以轻松的格调布置你的卧室。如果你的卧室能够看到远处美丽的风景,那么最好把你的床移到窗户那边,以便欣赏外面的景色。或者在墙上挂一幅风景画,或者在写字桌上放一缸金鱼。

睡眠的好坏,与睡眠环境关系密切。在15℃~24℃的温度中,可获得安睡,而过冷和过热均会使人辗转反侧。如果你搬迁新居而不能安睡,有可能是因对新环境一时不能适应,但更有可能是发出的异味所致。当然,冬季关门闭窗后吸烟留下的烟雾,以及燃烧不完全的煤气,也会使人不能安睡。在发射高频电离电磁辐射源附近居住,长期睡眠不好而非自身疾病所致者,最好迁徙远处。在隆隆机器声、家电音响声和吵闹的噪声中无法安睡,则应设法除去噪声。灯光太强所致的睡眠不稳,除消除光源外,也可避光而卧。

8.调整你的闹钟

如果你在上床后一小时或者更长时间里还是辗转反侧无法入睡的话,那么请你调整你的闹钟。让你的闹钟每天早晨都提前3~5分钟响(每周共15~30分钟)。提前起床自然会使你在晚上的时候感到更加疲倦,这样你就会很快地入睡了。

但是,必须坚持——即使是在周末。否则的话,你的身体就会不适应这个新的作息时间表。

9. 科学选择睡眠方向

地球南北极之间有一个大磁场,人体长期顺着地磁的南北方向睡卧,使人体主要的经、脉、气都同磁场的磁力线平行,可使人体器官细胞有序化,产生生物磁化效应,使器官机能得到调整和增强。所以,南北方向睡眠对身体有益。

魔力悄悄话

一个人只要改变了身上的坏习惯,就能换来带给自己走向成功的好习惯。富兰克林能成为引导美国走上独立之路的爱国者,能成为著名的科学家,能成为最受美国人尊敬的人,这与他改变坏习惯,养成好习惯分不开。

正确运动更健康

英国现代杰出的现实主义戏剧家萧伯纳不仅才思敏锐,有着"当代人中最清楚的头脑",而且有一副可与著名运动家相比拟的体格。

萧伯纳小时候,他父亲对他说:"孩子,以我为前车之鉴吧!我干的事,你都不要学呀!"原来,他父亲喜欢乱吃,一顿吃大量的肉,喝酒很凶,整天抽烟,而又不做运动。他听了父亲的话,一方面在生活上非常有规律,不吸烟,不喝酒,不吃肉,连茶和咖啡也不喝,而以粗面包和蔬菜为主食。另一方面,他一生都坚持体育锻炼。

他每天很早就起床,天天洗冷水浴、游泳、长跑、散步。他还喜欢骑自行车、打拳。七十几岁的萧伯纳曾和当时世界著名的运动家、美国人丹尼同住在波欧尼岛上的一家旅馆里,每天他俩的作息时间表是一样的:起床后洗冷水澡,接着是一段数公里的长途游泳,然后躺在海边享受日光浴,还要一起长途散步。

萧伯纳晚年成为一个热烈的太阳崇拜者。他整个冬天差不多都在法国的里维拉或意大利度过,在那里进行日光浴。他故乡的花园里,有一间可以旋转的茅屋,使他每天都可以得到充足的阳光。他常说:"大夫不能治病,只能帮助理性的人避免得病而已。人们倘若正规地生活,正当地饮食,就不会有病。"他能够活到 94 岁高龄,就是一个证明。

其实,在生活中养成良好的运动锻炼习惯,随时随地地进行运动健身是非常简单方便的事情。下面的几点建议可供参考:

1.不要忽视日常生活中的锻炼

锻炼身体,一定要到运动场上才能锻炼好吗?不见得。只要我们在日常生活中注意锻炼自己的身体,也能收到很好的效果。

早晨一醒来,我们先揉揉眼、搓搓脸,这是一种很好的面部保健按摩。

它能使你脸上的血液循环得到改善,皮肤的弹性增强,脑神经兴奋起来。然后我们向上伸直双臂,躺在床上伸个懒腰,把腰部向上挺几挺,活动活动腰部。如果能爬起来,用手扶住床,用力拱拱腰,使胳膊、腰、腿的关节尽量伸展一下,这就是一节很好的伸展运动,它能活动筋骨,使我们感到轻松舒适。

上学时,如果学校离家近,最好步行去,远点的话骑自行车,很远时才乘坐汽车。在公共汽车上,也不要急于找座位,刚吃过饭就坐下,会影响肠胃的蠕动,站一会儿反而对身体有好处。

如果教室在楼上,上楼梯也是一项很好的运动,对肌肉、关节和心肺都有较强的锻炼作用。一到课间,要到室外散散步或做做体操,不要坐在教室不动。课间坐着休息,不仅不会恢复精力,还会使我们的体力日渐下降。晚上回到家里,如果不是过于饥饿,先不要急忙吃饭,要做点家务活,轻微的体力劳动,能够转移我们的注意力,使一天的紧张情绪得到放松,舒舒服服地吃顿晚饭。晚饭后,不要急于看书和写作业,要放松一下;睡觉前,用热水洗洗脚或洗洗澡。

最后,请记住这样的格言:坐着比躺着好,站着比坐着好,走着比站着好,跑着比走着好。

2.抽空经常伸个懒腰

科学证明:伸懒腰时,两手上举,肋骨上拉,胸腔扩大,使膈肌活动加强,引起深呼吸。这既可减少内脏对心肺的挤压,有利于心脏的充分活动,又能促进全身血液循环,从而改善睡眠和紧张工作学习后的血液分布。尤其是人脑组织,虽其重量仅占体重的五十分之一,但需氧量却占全身需氧量的四分之一。可以说,伸懒腰是消除疲劳、焕发精神、恢复体力和促进健康的一种积极活动。

3.制订良好的锻炼计划

一个好的锻炼计划是我们能在自己家里执行的计划,这种锻炼能在耐力、韧力和体力这三个方面增强我们的身体素质。

(1)耐力锻炼

耐力锻炼来自吸氧锻炼,来自我们的心血管的效率——即我们的心脏能把血液泵到我们全身去的能力。

虽然心脏是肌肉,然而它不能直接进行锻炼。它只能通过大的肌肉群来锻炼,尤其是通过腿的肌肉来锻炼。这就是为什么像快步走、跑步、骑车、游泳、越野滑雪等运动是有益的。

理想的是我们应努力使自己的心率至少提高到最高脉率的60%——心脏能跳动的最高速度,而依旧能将血液泵到我们的全身。最高的心率一般应为220减去我们的年龄。"锻炼的效果"一般认为是在你的个人最高心率的72%~87%之间。

（2）韧力锻炼

韧力锻炼来自伸展肢体。大多数专家推荐在做吸氧锻炼前先做准备动作,在吸氧锻炼后做整理伸展动作。锻炼前做准备动作有助于放松而使肌肉暖和,以便为做更强烈的锻炼做准备。锻炼后做整理动作有助于消散乳酸,从而使我们不感觉到疼痛和僵硬。

（3）体力锻炼

体力锻炼来自肌肉耐力的锻炼——如简单的健美操、俯卧撑、引体向上、仰卧起坐和搬运重物等。

需要特别注意的是:不要做过头。养成良好的运动锻炼习惯,就是经常锻炼我们的身体,使之在某种程度上维持和提高我们的工作能力、适应能力和享受生活的能力。

我们在开展锻炼计划时需要明智,一定要把握住适度的原则,千万不可做得过头,在我们以前从来也没有进行过锻炼的情况下尤其如此。过头的锻炼会产生不必要的疼痛、受伤,甚至落个永久的损伤。最好的办法是养成习惯,慢慢地进行,并持之以恒地坚持下去。

魔力悄悄话

人生是一种优胜劣汰的竞争,在追求成功的道路上,良好的习惯常常是获得成功的捷径,即便是很小很小的好习惯,也会给人带来意想不到的收获。

第三章
培养学习好习惯

听过一句话:播种一种行为,收获一种习惯;播种一种习惯,收获一种性格;播种一种性格,收获一种命运。

由此可见习惯在人一生中的重要性,因此,学习习惯不仅影响学生当前的学习,而且对今后的学习乃至工作都会产生很大的影响。一种好的行为习惯让人受益终生,但一种坏的行为习惯会让人终生烦恼。有一位教育家说过这样一句话:"一种好的学习习惯比学的肤浅的知识更为重要,它是学有所得的前提和保障"。

读、说、写、做全知道

许多教育学家指出：现代社会的发展对"学会学习"提出了越来越高的要求。未来的文盲不再是不识字的人，而是没有学会怎样学习的人。这决不是危言耸听。"学会学习"，在这里意味着把握四项最基本的学习技能：读、说、写、做。

1. 学会读书

读书之事，由来已久。读书多少为宜？杜甫说："读书破万卷，下笔如有神。"可赵普却说："半部《论语》打天下，半部《论语》治天下。"这恐怕是我国最早的一本书主义。显然，这些说法都是有些夸张的。实际上，读书的数量以适当为界，以人的读书能力为限。

舍去专业的差别，就人才个体来说，读书宜多不宜滥，恐怕也可以看作是一个原则。宜多不宜滥，就是说读书要有个数量界限。这个界限应该根据所学专业和个人具体条件来划定。比如，有的学者就认为作为大学生，应以教材 10 倍的数量读书，这还比较现实，也比较合理些。这就是说，一个本科生，要学二十几门课，就应读与之有关的 300 册书为宜。

读书除去把握读字的数量外，还应该把握读书的技能。我们把读书的技能概括为三个结合：其一，读与思的结合。读书唯有经过思考、观察和实践，才能"读到糊涂是明白"。对于思考与读书的关系，古人议论很多。张载说："万物皆有理，若不知穷理，如梦过一生。"朱熹说："后生学问强记不足畏，惟思索寻究者为少畏耳。"鲁迅先生也说："倘只看书，便变成书橱，即使自己觉得有趣，而那趣味其实是已在逐渐硬化，逐渐死去了。"因此，为防止读书硬化，甚至逐渐死去，第一就是要思索。其二，读与问的结合。提问是解决问题的一半。凡有创造者，无不从发问始。创造者，必然心思细密，却又眼光锐利，他能够看出问题，于是发而问之。无论什么权威，不明白的就要问，问不倒的权威才是真权威，问清楚的答案才是真道理。其三，读与做的结合。读书应与实干相结合。读而不做，时间长了，就会呆头呆脑，自己看别人不明白,别人看你也有点奇怪。现代的人才,不但要有知识、有文化,而且要有技术、有实际工作能力。如此这般,才能学海无涯,书山有路,将古往今来的优秀书籍化为人生丰富的营养。

2. 学会语言

我们知道,就一个国家的文化水平和文化结构来说,语言是一个非常重要的方面,而社会成员的独白能力如何,又是社会文化进步程度的一个重要标志。独白语言是一个人独自进行语言活动的一种语言形式。我们认为,学会语言就是要学会和掌握独自语言的三要素:立论正确,言之成理;感情真挚,以情动人;讲究技巧,深入浅出。技巧很难一言而尽,从最低的标准讲大致包括:语言完整,晓畅明达,逻辑清楚,首尾相顾,结构合理,节奏适宜,手势得当,声音清楚,还要能够进行即兴发挥以及可以比较顺利地回答问题。

3. 学会写作

写作能力在古代是很重要的。古人称:"文章能事。"我国的学校教育,从小学到大学都设有写作课,就可见其重要。那么,如何学会写作呢?有学者将其概括为:一,勤写。懒于动笔,是最要不得的事。欲使自己提高写作能力却懒得动笔,是不可能学会写作的。二,要有较高的标准。散散漫漫是学不好写作的。目标既不高,要求也不严,错别字也不在乎,文法不通也不重视,结构不好也无所谓,这样写出来的文章是绝对不会受欢迎的。三,多读名著,精研范文。不多读好文章,脑子里没有丰富的词汇,写起文章来就会语言贫乏,辞藻生涩。而且好文章有一种口不能言的好处,只有烂熟于胸,才能充分体味其绝妙,日后提起笔来,那种写作的神韵也会油然而生。四,善于改写文章。人说文章是改出来的,古人把它概括为"语不惊人死不休"。现在看来,这仍然是锤炼文字的座右铭。

4. 学会操作

操作技能,指的是对高科技产品的实际操作和对现代科技知识实际应用的能力。这种能力对现代社会生活的影响日益显著。曾风行世界的《第三次浪潮》,作者的资料来源主要是对各种报纸和杂志的剪裁,而通过重新剪裁和编排后的资料,却出现了一个个极深刻的思想,展示给世人一个全新的视野,这就是一种高超的操作技能,一种艺术的创造能力。因此,经济合作与发展组织国家,都十分重视促进公众接受多种操作技能的训练,特别注重掌握学习的能力,以提高人力资本的素质。对现代青少年来说,掌握这些操作技能是十分必要的。

（1）学会计算机

计算机与我们的日常生活已须臾不可分离,已成为完成日常工作的一个重要组成部分。不会计算机,将很难在现代社会中立住脚。

（2）学会掌握资料

掌握资料,就能掌握社会的最新发展动态,这对于寻找成才机会是十分重要的。资料的整理和积累是一门学问。资料本身是客观的,但掌握哪些资料,利用哪些资料,如何整理和编排资料,却体现了一个人对自己专业方向的把握、对掌握有用信息的灵敏以及对资料的综合运用能力。

（3）学会调查研究

在现代社会中,无论是决策还是管理,无论是制订计划,还是处理各类问题,都需要了解情况。了解情况就是调查。因此,学会调查研究是青少年制订学习、生活计划不可缺少的基本功。

魔力悄悄话

一个人有了改变自己的想法时,也就能改变自己的态度,只要改变了自己的态度,坏习惯就容易改变了。尽管原先的习惯是经过成千上万小时形成和巩固的,现在你就用不着再花成千上万个小时去改变。一件事如果能坚持做21天,就会形成习惯。

你知道什么是学习吗

为了进行有效的学习,为将来的发展奠定良好的基础,学什么是一个人在成长过程中首先要解决的问题。专家指出,与青少年成才密切相关的学习内容为:

1. 智力学习

智力就是人们通常所说的智慧和聪明。它是保证人们有效地进行认识活动的那些比较稳定的内在心理特征的有机结合。一般来说,在青少年的成才活动中需要培养的智力包括观察力、记忆力、思维力、想象力、注意力五个方面。

观察力是智力活动的门户。观察力的培养对青少年的学习与成才十分重要,但观察力的培养并非易事。青少年在观察力的学习与培养过程中,既要学会观察事物的全貌,又要学会观察事物的各个组成部分;既要观察事物发展的全过程,又要观察事物发展的各个阶段;既要观察事物的相似之处,又要观察事物的细微差别;既要观察事物比较明显的特征,又要观察事物比较隐蔽的特点。法国著名作家莫泊桑说过,要使自己对事物有更深的洞察力,"对你所要表现的东西,要长时间很注意地去观察它,以便发现别人没有发现过和没有写过的特点"。

记忆力是智力活动的仓库。人们智力结构中的诸要素都离不开记忆力。培养记忆力,首先是要增强记忆力的敏锐性、正确性、持久性和备用性;同时也应当借助思维的帮助,通过思维,加强对知识的理解,建立起必要的联想,这是通向记忆的坚实之路;还要正确对待遗忘,一方面要掌握遗忘的规律,同遗忘作斗争;另一方面只有遗忘掉那些不必记住的东西,才能牢记那些必须记住的东西。

思维力是智力活动的核心。如果失去思维力,那么观察力、记忆力、想象力和注意力的作用都无从发挥。青少年在学习的过程中,一定要"善于思考、思考、再思考"。有人曾把青少年的学习分为三种不同的水平:记忆的学习水平、理解的学习水平和思考的学习水平。第一种水平只求记住学习的材料,甚至不惜死记硬背。第二种水平则要求弄懂学习材料的意义,力求融会贯通。第三种水平是以问题为中心,通过积极思考,力求发挥自己的创造性,主动去解决问题。应该说,在青少年成长的过程中,这三种水平的学习都是客观存在的,但就实际的情况来看,还是第一、二种水平的人占多数,第三种水平的人数为少。因此,对处于前两种水平的人而言,要努力把自己提高到后一种水平上来,否则,成才之路会变得暗淡失色。因为"思维着的精神"是"地球上最美的花朵"。

想象力是智力活动的翅膀。想象力的作用,在于使人的智力奔放起来,飞腾起来,培养想象力,就要不断增强想象的丰富性、新颖性和独创性。但是我们又不要去做那种毫无根据、完全不着边际的胡思乱想。想象,只有同现实紧密联系才富有创造性,才是真正难能可贵的,才是成才过程所必需的。

注意力是智力活动的维护者。注意力的作用在于使心理活动指向、集中或转移到某种客观事物上。人们的一切智力活动,包括观察、记忆、思维、想象,都只有在注意力的参与下,才能有效地顺利地进行。因此,青少年在自己的学习生活中,必须善于掌握和调整自己的注意力。

2. 能力学习

能力就是人们通常所说的才能和本事。它是一个人运用知识和智力成功地进行实际活动的本领。在青少年的成才过程中,应当培养以下四种最基本的成才能力:

第一,自学能力。自学能力就是按照自己的意图、依靠自己的力量主动去获取知识的能力。自学能力包括的内容是多方面的,比如,从实际出发正确制订学习计划,恰当安排学习时间,掌握科学的读书、听课方法,学会积累资料和使用工具,及时总结经验,不断提出新的学习目标,等等。随着社会发展以及对终身教育要求的提高,人们的自学能力就显得越来越重要。无论是现在还是将来,对自学能力的培养,是成才过程中一项根本性的建设。

第二,创造能力。创造能力,指的是在学习前人知识、技能的基础上,提出创见和做出发明的能力。在成才所应该具备的各项能力中,创造能力是核心。缺乏创造能力的人,只能永远跟在别人后面爬行。但是,目前我国的学校教育中,对学生的创造力培养是十分薄弱的。一些外国学者在评价中国学生时,也不乏中肯的批评:东方的学生有一个共同的特征,考试能力强,独立精神弱;知识量不少,创造力较低。这些话值得我们深思。

第三,表达能力。表达能力就是以口头或书面的方式表达自己的思想、认识和情感的能力。培养表达能力,关键在于提高表达的准确性、鲜明性和生动性。准确是表达的基本和首要的条件,表达不准确,信息就无法从你的口中和笔下如实传递出去,也就完全失去了表达应有的作用。表达也需要鲜明和生动,只有这样的表达,才能更好地排除人们接受信息时的各种障碍,有利于表达目的的实现。

第四,组织管理能力。组织管理能力,是把人群组织起来有效地完成某种任务的能力。这种能力不仅领导者、管理者应当具备,各行各业的从事社会活动的业务人员同样应该具备。在许多业务活动中,常常会遇到一个统一人们的意志、协调人们的行动的问题,没有一定的组织管理能力是根本不行的。所以,青少年在学习过程中,要通过各种方式锻炼和提高这方面的能力。

3. 科学文化知识的学习

科学文化由三个基本的层次组成:第一个层次是器物层次,比如新的技术、设备和物质产品等。在现代社会生活中,不会使用科技产品和高科技工具,很难立得住脚,更不用说有所作为了。第二个层次是制度层次,制度层次的科学文化,主要体现在社会各个领域的体制和组织管理的一系列变革中,其中最重要的就是强调科学人才在各个领域中的比重。制度层次科学文化的深入发展,将为成才者提供制度上的保障。第三个层次是价值观和行为规范层次的科学文化。这一层次的科学文化集中体现在由近代科学技术发展所提倡的科学精神中,比如批判、创新、理性、规范、求真、献身、公平、宽容、效率、协作等科学精神,这些精神不仅为近代科学技术的持续发展提供了重要思想理论基础,也为走向知识经济时代的成功者提供了宝贵的精神基础与思想前提。每一个青少年都要努力学习知识经济所带来的一切科学技术成果,全面提高自身素质,迎接知识经济的挑战,在知识经济时代中成才。

4. 品德学习

很早的时候,史学家、文学家、思想家就提出了德、识、才、学、体是成才的五大内在因素,而"德"为五大因素之首。品德是成才的根本保证,这一点古今中外学者都一致认同。"德薄者,终学不成也。"道德作为一种知识,需要在长期的追求中,才能成为人内在的品德素质。品德包括一般品德和劳动品德。一般品德指在日常学习、生活中所表现出来的道德品质,如爱国、爱民、爱公、民主、团结、守纪、礼貌、谦虚、助人、尊重、守信、诚实、勇敢、勤劳、正直、律己等。劳动品德指在进行创造活动的过程中所表现出来的道德品质,如为民造福、严谨认真、坚持真理、团结协作、热爱事业、艰苦探索等。这两个方面并不是截然分开的,两者之间相互渗透,共同对人的成长产生影响。

5. 个性学习

个性,是指一个人在生活、生产活动中表现出来的比较稳定的、带有一定倾向性的特征,比如坚定性、灵活性、敏捷性、严谨性、独立性、主动性、专注性、灵活性等。人的成长不仅与智力有关,而且与非智力的个性因素有关。高尔基在《遗传的天才》一书中提出:热情、勤奋等品质是构成天才的重要因素。特尔曼则认为:成就的75%取决于进取心、自信心和坚持力等人格特征。我国学者也认为:成功离不开良好的个性品质,如目标坚定而远大、兴趣广泛而执着、情绪积极而稳定、有好奇心和求知欲、有道德感和美感、有坚持力和自制力、有自信心和进取心、有独立性和创造性、富有幽默感等。个性心理品质虽然有一定的遗传因素,但更多的是在后天的学习中培养出来的。因此,个性学习是青少年成才学习中一个必不可少的学习内容。

魔力悄悄话

习惯成自然,自然成人生,这里面隐藏着人类本能的奥秘。因为习惯的养成不只是动作的重复,也是脑神经指令的积累。一件事你做的次数越多,脑神经所受的刺激和记忆就越深,人的反应也会越来越熟练,到一定时候习惯就会自然形成。

学习有方才有效率

学习要讲究方法,不讲方法死读书,就算读一辈子也没有任何价值,更不用谈成功了。

学习的方法有多种,我们可以归结为以下几个方面:

(1)兴趣法

"好知之不如乐知之",就是说我们越喜欢某一事物就越喜欢接近和接纳它。

兴趣是人们行动的一种动力。只要对某些知识产生了兴趣,就会主动去理解、记忆、消化这些知识,并会在这些知识的基础上总结、归纳、推广、运用,从而做到精益求精、推陈出新,从而推动整个社会向前发展。因此,我们在学习某一知识之前,首先要建立对它的兴趣,以达到掌握它的目的。

(2)理解法

人都有对事物进行判断的能力,对某一事物或某一知识有认识,就会很容易地把它变成自己的知识,否则,就需要花很大的工夫。比如说"井底之蛙"这一成语,我们可以想象一只健康的青蛙坐在一口深井里,眼睛直瞪瞪地望着井口发呆,而井口外面,则是白云、蓝天,井底则有青草、水、昆虫。虽然这只青蛙本身健康,不愁吃喝,然而它却呆呆的,为自己见不到外面的大好风景而发愁。这样一理解,"井底之蛙"的含义就非常清晰了。

(3)联系法

自然界中的一切事物都不是孤立的,而是普遍联系的,正如自然界的食物链:兔吃草,而兔又被鹰或狼吃,狼又被虎吃,而鹰和虎死后,其尸体又腐败变质,供草吸收其营养成分。在这几种动植物之间,就形成了一个食物链,它们就构成了互相联系的一个整体。如果草绝,则兔就会亡,反之,如果兔多,则草就会被大量食用,当草被食用过多时,兔就不免缺少食物而亡。这充分说明,自然界的万事万物,是一个普遍联系的整体。知识,正是人类在长期改造自然的过程中发现的,因此,各种知识间也是相互联系的。当我们对某一事物缺乏了解和认识时,我们就可以从与其有联系的事物中来认识它。

(4)联想法

人类区别于其他动物的根本,就在于人有思维,有了思维,人在客观的自然和社会面前就不是无动于衷、无可奈何了,而是能够积极地促成条件,来解决问题,而联想正是人类充分发展的一种象征。

在我们的学习中,联想能使我们更好地掌握知识。

历史课本中的数字枯燥无味,但是,有些事件是和这些数字紧密联系的。因此记数字就可以与这些历史事件联系起来记,这样就避免了数字之间的相互干扰,同时也增加了学习的趣味性,起到了双重效果。

(5)对比法

在学习中,当两个概念或事物的含义相似的时候,我们往往容易混淆,而在这个时候,运用对比法就能够搞清楚二者之间的明显区别。也就是说,它们相同的地方我们暂且不讲,我们只比较它们之间不同的地方,这些不同的地方,就是某一事物的独特特征。理解了这些独特特征,也就抓住了这一事物的本质,从而也就能掌握这一事物的有关知识。

(6)复习法

人的大脑对知识的识记是有一定规律的,教育学家们曾用遗忘曲线做了一个形象的说明,指出如果在你遗忘之前去复习、巩固它,那它就能迅速恢复并牢固记忆。孔子所说的"温故而知新",是非常有道理的。

魔力悄悄话

人们过去只知道"知难而进"是成功者的一种良好素质,却很少有人知道"不知难而更好进"也是一种成功的好习惯。

学习兴趣是可以激发的

　　和其他的孩子一样,小雨小时候也并不是特别爱好学习,小雨的父母后来回忆说。大家都夸小雨聪明,父母倒觉得,小时候她和其他孩子的差别并不是很大。无论从智力上,还是对学习的兴趣上。像大多数家长一样,在小雨一两岁的时候,父母就给她买了很多的书,像什么《唐诗300首》《幼儿数学》《十万个为什么》,等等,一有空闲的时候,就给她灌输,但是她并没有表现出多么大的兴趣。往往是父母一边讲,她一边玩,东张西望,心不在焉的,根本不感兴趣:"小雨,给爸爸背背昨天教你的那首诗,好吗?""……"小雨摆弄着玩具。"鹅,鹅,鹅……"爸爸提醒道。"……"小雨还是不理,把玩具举起来,突然说:"爸爸,我要好多好多的玩具!"

　　小雨倒是挺喜欢小汽车的,整天拿着个小汽车摆弄,可这有什么用?"爸爸,汽车为什么4个轮子?"一天,小雨举着小汽车问。"4个轮子才稳当嘛。"爸爸一边看报纸,一边随口说道。"那,三轮车为什么是3个轮子?""……有3个轮子,也就稳当了……"爸爸有些不耐烦,因为他正在看一条重要新闻。"那,自行车怎么只有两个轮子?"爸爸放下了报纸,有些吃惊又有些尴尬地看着小雨,小雨正睁大眼睛看着他。父女对视了一分钟,爸爸才缓过神来。

　　从小雨乌黑但充满了疑问的大眼睛里,爸爸像是看到了什么!"这不就是几何的几个基本原理吗?"爸爸的脑子里像有个小火花跳跃了一下,当然,这只是实际生活中的几个小小的疑问而已,但正因为是实际的,不是比教学上的理论更鲜明、更活泼吗? 爸爸知道该怎么做了,像是大梦初醒一般!"好孩子,"爸爸一把把小雨扯到怀里,"来,爸爸给你讲!"爸爸就用最浅显的话,认认真真地给小雨讲着。令爸爸感到特别高兴的是,这次小雨竟然一动不动,昂着脑袋,老老实实地听着爸爸的话,既不乱讲话,也不做小动作了。调皮、不爱学习、不会背"鹅鹅鹅"的小雨,现在多么像一个好学生啊!

　　这件事情给父母很大的启发,那就是:兴趣是最好的老师。以前听这句话,父母还不太相信,兴趣?她根本不去学习,哪里来的兴趣?她哪里知道学习的兴趣?难道,只是吃啊,玩啊这些兴趣?现在,父母明白了,兴趣不仅仅存在于课本中、课堂上,更多的是存在于现实生活中。

从此,父母也开始发现,小雨原来是个很爱学习的孩子:她老是在不停地提问。"爸爸,为什么天是蓝的?""妈妈,为什么海水也是蓝的?""为什么喝的水,洗脸的水,没有颜色?"以前,父母会觉得烦,要么胡乱说说,要么搪塞不理——其实,还有一个原因,有的东西父母也不知道。这是不是大人的虚荣心在作祟呢?看来得好好看看《十万个为什么》了。后来,父母就把一切地方都当作了小雨的大教室。

就这样,父母认真地对待小雨的各种问题,能解决的就解决,不能解决的,一面让她自己考虑,一面自己补习各种知识,然后再告诉她。小雨的"求知态度"得到了认真地回答,求知热情也就更加高涨起来,不断地提问,也在不断地获得知识。

如何激发孩子的学习兴趣呢?

1. 让孩子从学习中不断感受到乐趣。对未知的探索、对新知识的渴求,和我们旅游爬山一样,登得越高就看得越多越远,从而充满着获得知识的快乐。当孩子尝到这种乐趣后,即使管得严些,孩子也容易接受了,因为孩子从中感到了快乐。

2. 让孩子从努力中不断体验到成功。学习是一个苦差事,如果只是一味地苦读,得不到一点收获成功的回报,时间长了势必会厌倦。所以,对孩子的点滴进步和成功,我们都应看到并给予适当的表扬或鼓励,哪怕是一句"今天很不错"的话。让孩子体验到成功的快乐,从而自己激励自己再下苦功夫去争取更大的成功。

3. 要帮助孩子在奋斗中不断瞄准新的目标。带孩子登山,我们会经常指着前面某一处说,加把劲爬到那里歇一会儿。每次作业,每次考试,每次寒暑假,父母都应该帮助孩子定出应完成并且努力后能完成的目标来。如今天作业争取八点前做完,这次考试力争平均分数达到80分,比上次高2分等。孩子学习有目标,有奔头,这样不仅让孩子从目标完成上感到的压力转为动力,更能让孩子从努力超前或超质量完成目标中经常体验到成功,为以后达到更高的人生目标打好基础。不过在目标设置中一要防止要求过高,孩子努力了也完不成,他又何必去努力呢;二是不能随意在孩子已完成目标后再加码,让孩子感到我努力了反而会有更多的作业在等着我,与其这样,不如慢慢做。

4.鼓励孩子参加课外活动小组。课外活动实践,可以使孩子切身感受到知识的不足,需要进一步学习。如孩子对数学没有兴趣,鼓励孩子参加数学兴趣小组,多做数学趣味题,就会激发孩子学习数学的兴趣。

魔力悄悄话

哲人说:"种下行动便会收获习惯,种下习惯便会收获性格,种下性格便会收获命运。"习惯的力量往往是强大而无形的,一个好的习惯一旦定型,它所产生的影响是很难想象的。

学习须专心

比尔·盖茨从小就表现出惊人的专注力,加上家庭的引导和培养,使其长大后能长期痴迷于计算机。孩子好奇心强,可能对许多事物都有兴趣,但往往很难专注于某事,浅尝辄止,结果一事无成。有的父母也存在浮躁心理,喜欢攀比,见别人的孩子学啥,也要让自己的孩子学,恨不得天下所有的知识都要孩子知晓,所有的技能、特长都要孩子掌握。这只会造成孩子看起来什么都会,却无一技之长。孩子可能对许多事都有兴趣,但往往很难专注于某事——未全身心地投入进去,永远只能在目标的外围徘徊,很难达到很高成就。

我国伟大的地质学家李四光也曾有过类似的笑话。据他的女儿回忆,有一天,时间已很晚了,李四光还没有回家。女儿来叫他回家吃饭,谁知他却一边专心地工作,一边亲切地说:"小姑娘,这么晚了还不回家,你妈妈不着急吗?"等到女儿再次喊"爸爸,妈妈让你回家吃晚饭了"时,他一抬头,不由地笑了,小姑娘不是别人,正是他自己的宝贝女儿。

我们也都听说过,我国的大数学家陈景润一边走路,一边想他的数学问题,不知不觉中和什么东西撞上了,他连声说对不起,却没听到对方应声,抬头一看,原来是棵大树。

为什么这些大科学家会发生这样的事呢?原因很简单,因为他们一心想着自己热爱的科学上的问题,对他们所思考的科学问题反应清晰,对于这些问题之外的事情一点也没考虑,没有在意。这就是他们闹笑话的原因。

只有聚其精,会其神,孩子才能取得成功,而孩子能否集中精力则与父母的教育、教养的态度和方法是分不开的。正所谓,成功孩子的背后总会站着伟大的父母。因此,要想提高孩子的学习成绩,培养和开发他们的智力,第一步就要注意培养和训练他们的注意力,养成专心致志的习惯。要不然,其他的训练只能是事倍功半,甚至徒劳无功。

1. 培养孩子善于集中自己的注意力。这对任何一种劳动,尤其是脑力劳动具有很大的意义。能做到注意力集中的孩子,不但完成作业比较快,而且完成得比较好,效率高。那些作业马虎、粗枝大叶的孩子主要是因为注意力不够集中,没能仔细地看准习题的要求和条件。而且,善于集中注意力的孩子学习起来比较省劲,效果比较好,也因此有更多的时间来休息和娱乐。

2. 给孩子一个安静整洁的学习环境。孩子的书桌上除了文具和书籍外,不应摆放其他物品,以免分散他的注意力;抽屉柜子最好上锁,免得他随时都可能打开,在没完成作业的情况下去清理抽屉;书桌前方除了张贴与学习有关的如地图、公式、拼音表格外,不应张贴其他吸引孩子注意力的东西。女孩的书桌上也不应置镜子,这会使她有时间顾影"自美"或"自怜",更不能允许孩子一边看电视,一边做作业。

3. 要求孩子在规定的时间内完成作业。如果作业太多,可以分段完成。有的父母因为孩子的注意力不够集中而在旁边"站岗",这不是长久而行之有效的办法,因为长期这样,会使孩子产生依赖心理。此外,孩子的注意力跟情绪有很大关系,因此父母应该创造一个平和、安宁、温馨的学习环境。声音嘈杂的环境,杂乱无章的屋子,不正常的家庭生活,所有这一切都严重地影响着孩子的注意力。同时,父母应该了解,能否集中注意力也与孩子的年龄有关。研究表明,注意力集中的时间分别为:5~10岁孩子是20分钟,10~12岁孩子是25分钟,12岁以上孩子是30分钟。因此,如果想让10岁的孩子60分钟坐在那里去专心地完成作业几乎是不可能的。

4. 让孩子在一定时间内专心做好一件事。常听有些父母说:"我的孩子做事效率低,做作业动作慢,一边写一边玩。"父母要注意培养孩子在某一时间内做好一件事的能力。对于家庭作业父母要帮他们安排一下,做完一门功课可以允许休息一会儿,不要让孩子太疲劳。有些父母觉得孩子动作慢,不允许孩子休息,还唠叨个没完,使他们产生抵触心理,效果反而不好。

5. 对孩子讲话不要总是重复。有些父母对孩子不放心,一件事总要反复讲几遍,这样孩子就习惯于一件事反复听好几遍。当老师只讲一遍时,他似乎没听见或没听清,这样漫不经心地听课常使得孩子不能很好地理解老师讲的内容,无法遵守老师的要求,自然也就谈不上取得好的学习效果。父母对孩子交代事情只讲一遍,是培养孩子注意力的一种方法。

6. 训练孩子善于"听"的能力。"听"是人们获得信息、丰富知识的重要来源。会听讲对学生来说是相当重要的,因为老师多半是以讲解的形式向学生传授知识。父母可以通过听来训练孩子的注意力,比如父母可以让孩子听音乐、听小说,鼓励孩子用自己的话来描述听到的内容,从而培养专心听讲的好习惯。

魔力悄悄话

好习惯的报酬是成功,成功的人生和成功的事业就是好习惯延续的必然结果;而失败的人生和失败的事业,则是坏习惯导致的恶果。

合理计划学习更高效

好的学习者能够有重点地进行系统学习,这就需要合理制订计划,科学安排时间。这一点对学生尤为重要,但很多学生就是糊里糊涂地过日子,摸摸这个,又碰碰那个,或者完全从兴趣出发,或者干脆将学习任务堆起来,一直拖到不得不完成时为止。

一个好的时间表可对学习做整体统筹,从而可以节约学习者的时间和精力,提高学习效率。一般的学习者经常将时间浪费在做决定上,整日考虑学什么,什么时间学,要搜集什么样的材料,以至于难以迅速进入学习状态。一张好的时间表即可避免这些情况。并且,时间表可将日常学习细节变成习惯,使学习变得更为主动。此外,没有时间表的指导,你就极可能将应该认真学习的时间耗费在消遣上,比如看电视、翻杂志、喝茶和闲聊,等等。

时间表的益处还在于,它能够帮助学习者将各项学习活动的规律和学习时间完美结合起来。

一个好的学习者须经常问问自己,制订了本学年的学习计划了吗? 有假期的功课表吗? 编制了一门功课表吗? 每天要做什么事情,自己都很明确吗? 制订学习计划时,你和家长或老师商量了吗? 你的睡觉、起床、运动、游玩等活动按时进行吗? 你经常检查一天的时间利用效果吗?

如果你的回答都是肯定的,那么你的时间利用得很不错,你是一个计划性很强的学习者;反之,你就需要认真考虑该如何制订计划,安排时间。

1. 把长远计划和即时计划结合起来

根据时间尺度的不同,计划可分为以下四类:

(1)人生规划

人生规划是指长时间乃至一生的规划,它的任务是树立理想并依照理想对自己的一生进行总体设计。

确定主攻方向是一个人一生中最困难、也是最重要的抉择。从青少年一直到垂暮老人,每个人其实都在用自己的行动回答一个问题:我究竟想成为什么样的人呢？如果你是一个初中生,现在还没有答案,那么请你开始认真思考这个问题;如果你现在将近高中毕业,而你仍然没有答案,那么请你加紧思考这个问题。人才学研究告诉我们:音乐家、美术家、舞蹈家、体坛明星容易早期成才;数学家、物理学家、化学家则一般要经过10年的学习实践;历史学家、考古学家则需要更长的时间。如果你不甘平庸,那就尽早设定自己的人生规划。

（2）阶段计划

阶段计划即指学习者对一个时间阶段学习的大体安排。"一味忙是不够的。问题是,我们在忙什么?"一个好的学习者应该有3～5年的时间安排,还应有学年计划和学期计划。阶段计划是人的成才过程中的一个个大大小小的标记。

制订阶段计划时,要根据个人情况来设计,不要照猫画虎。在总体上,要尽可能想出所有有关的情况:所涉及的教学大纲的范围,须阅读和学习的各种教科书,各种实践活动,以及必须达到的其他要求等。对某些重要工作,如写文章、实习笔记或调查报告等,要给自己规定出完成的日期,使你对自己某阶段的工作,心里有个较确定的蓝图。对一个学生而言,详细地制订一个合适的阶段计划,可能首先需要具备几周的课程经验,当对各门课程有了大致了解后,就该认真制订阶段计划。这也是评价学生学习优劣的一个重要标准。阶段计划也并非铁板一块,不可改动,只是不要随意变动。

（3）短期计划

短期计划主要指周计划。短期计划中,学习者可以非常具体地设定自己的时间安排,它是一种操作性的计划。在一周内应读哪些书,做哪些作业等,都安排妥当。计划制订好后,须严格执行,只有这样,才能得到预期效果。

每天把要做的事情排列出来,这样目标明确,就会有效地支配时间,工作效率就会更高。正如索罗所说:"光是忙忙碌碌是不够的,问题是忙些什么。"只有知道"忙些什么",才能把所要做的事做好。

可以将一周的学习内容制订出计划,并详细标明完成时间,然后做成表格,贴在书房的墙上。此举的确有刺激努力奋发的作用。但如果在实行计划的中途用掉一天的时间去游玩,则计划就会有误差,所以须有另订计划的必要。相反,假如为了苛求自己和计划配合进行而过分执著,不知变通的话,则会被计划紧紧束缚住,而无法喘息,其结果无疑是给自己找麻烦,最后很可能导致"计划偏执症"的不正常心理。

那么,到底该怎样制订适合于自己的学习计划呢?无论是短期还是长期计划,最重要的是量力而行,也就是说要考虑到自身的学习能力。

有一位时间管理专家曾说过:"将生活组织化、合理化,并非用长期目标来达到,而是制定一天内可行的计划。"他提供的建议是,先准备一本计划簿,放在固定的位置上,以便于取用。若是企业界人士则放在办公桌上,家庭主妇最好放在厨房,学生则放在书桌上较合适。

每天一开始,或前一天晚上,将当天或翌日要完成的工作,按照项目逐次记下,等事情完毕加以核对,假若某些项目没有完成,则写在第二天计划表的首位。如此将一天的时间进行适当的管理。当按照计划完成时,则是计划成功的第一步。

著名管理学大师彼得·杜拉克以成功把握和管理时间而闻名。当许多企业领导者问他如何有效运用时间时,他首先要求他们把一天的行程和一周的预定计划写下来,然后妥善保管一周的进度表。与此同时,每天把自己实际工作的进度用日记记录下来,待一周之后,再和预计进度做对照比较,即可明白其间的差距和浪费的时间,依靠这种方法进行自我评估和改进工作。

(4)即时计划

即时计划主要指日计划,它是对现实时间的安排。普希金曾说:"要完全控制一天的时间,因为脑力劳动是离不开秩序的。"制订即时计划,须针对自己的特点,做出切合实际的安排,以清楚地知道在一个相当短的时间内要做什么事情,使自己有条不紊地学习。

制订即时计划时,一定要充分考虑个人本身的特点,科学安排时间。

2. 制订学习计划时,既要有高度,又要切实可行

一位经验丰富的登山者,绝不会把容易攀登的山作为自己的登山目标,同时也不会在爬过几座不起眼的小山之后,就匆忙立志要去攀登世界著名的险峰,做出这种轻率的计划。

拟定考试复习计划也是如此。假如毫不费力,轻易就能达到的,即便拟定了也没什么实际价值。设定这样一个毫无意义的目标,只能表示你在制订计划的时候,士气低落,否则就是在潜意识中想要偷懒。这样的计划,不定也罢。因为只限于形式上的计划,根本起不到什么作用。只有尽全力去追求,定出的目标才有意义。

但是,原本需要一个月才能完成的目标,你却想在一天之内就把它完成,这种不切合实际的计划,则又显得盲目冲动。真正经验丰富的登山者,在向高山挑战时,绝不会为图虚名而去冒险。他在制订行动计划的时候,一定会留有余地,就是说他的计划一定是切实可行的。即便能拼到某个高点,但是为了保留下山的体力,他也一定会放弃目标往回走。学习也是如此,盲目地拟定大计划,并非明智之举。一般来说,制定的目标比能够完成的水准要高一点,那样才能起到促进作用。当完成了目标的70% ~ 80%之后,再把目标拔高一点。

一天比一天进步,便会有愈来愈接近目标的充实感,这样也能在你的辛苦之余感到一种满足和快慰。

在执行计划的时候,也不要太死板,可适当地把心情放轻松一点,时而有这么一种认识:有时候也不是完全按照计划做功课的。如果为了恪守计划而跟朋友停止来往,甚至放弃了一切的娱乐,反而无法实行计划。制订计划要适度,既要起到约束和督促作用,又不能完全把自己捆绑住,这样才能提高效率。而且,有时候也不一定非按计划进行不可。例如,当学习的士气正高昂时,可打破计划适当延长学习时间,推进进度。不要以为一定要呆板地遵守计划,要学会运用自如。在时退时进之中,才能摸索出适合自己的最佳学习方法。

魔力悄悄话

巴尔扎克说得好:"要断送一个人,只消叫他染上一种嗜好。"仔细琢磨,这话实在深刻。只要你是一个神志清醒的人,就应该经常问问自己:"我的习惯使我得到了什么?既然这种坏习惯对我不利,为什么还要继续下去?"

生活中的知识也很多

读万卷书,行万里路,是说人要有较多的知识和丰富的阅历,也就是要人们能理论联系实际,善于利用知识处理各种事情。丰富的阅历是成大事者不可缺少的资本,所以,我们不但要注重书本知识,也要注重生活中的知识。

古人云:"纸上得来终觉浅,绝知此事要躬行。"读书学习获取知识诚然重要,但实践获真知也是必不可少的。

知识就是力量。尤其现在是知识经济时代,谁拥有了知识,谁就拥有了追求成功的第一要素。

随着时代的发展,人们打破了往日对知识的理解。

人们已认识到:知识与能力并不完全是相等的,知识并不等于能力。20世纪对能力的新要求,迫使人们重新审视自己所学的知识。

但不管时代怎样发展,你都应使头脑保持清醒,你必须清晰明了地理解知识与能力的关系。

培根在提出"知识就是力量"的口号以后,又明确地指出:"各种学问并不把它们本身的用途教给我们,如何应用这些学问乃是学问以外的、学问以上的一种智慧。"

有了知识,并不等于有了与之相应的能力,运用与知识之间还有一个转化过程,即学以致用的过程。中国有句谚语:"学了知识不运用,如同耕地不播种。"

如果你有很多的知识但却不知如何应用,那么你拥有的知识就只是死的知识。死的知识不能解决实际问题。

因此,你在学习知识时,不但要让自己成为知识的仓库,还要让自己成为知识的熔炉,把所学知识在熔炉中消化吸收。

你应结合所学的知识,参与学以致用的活动,提高自己运用知识和消化知识的能力,使你的学习过程转变为提高能力、增长见识、创造价值的过程。

你还应加强知识的学习和能力的培养,并把两者的关系调整到黄金位置,使知识与能力能够相得益彰、相互促进,发挥出巨大的潜力和作用。

所以,每个人不仅应该苦读与爱好、兴趣、职业有关的"有字之书",同时还应该领悟生活中的"无字之书"。

通过阅读"有字之书",你可以学习前人积累的知识、前人学以致用的经验,并从中加以借鉴,避免走岔道、走弯路;通过读"无字之书",你可以了解现实,认识世界,并从"创造历史"的人那里学到书本上没有的知识。

如果你想尽快、尽好地读透"有字之书",必须结合读"无字之书",才能记忆深刻、牢固。

"用自己的眼睛去读世间的这一部活书。""倘只看书,便变成书橱,即使自己觉得有趣,而那趣味其实已在逐渐硬化,逐渐死去了。"

重视"读世间这一部书",读"无字之书",是鲁迅先生的主张。

鲁迅少年时代有很长的一段时间在农村度过,而且也乐于与农村少年为友,喜欢到农村看社戏。他从农村少年、农村社戏中了解了很多农村生活,也因此增长了不少见识,他后来创作的《故乡》《社戏》等短篇小说的生活素材都是在那时积累的。

鲁迅一生写了很多针砭时弊的杂文,其犀利的语言,也来自对"无字之书"的知识积累。如果不注意读社会现实这部"无字之书",只知闭门做学问,他又怎么会从中看出"世人的真面目",怎么会成为"一个伟大的画家","用他手中那支强而有力、泼辣而幽默的笔,画出黑暗势力的丑陋面目"呢?

魔力悄悄话

如果你有改变自己的想法和决心时,就马上行动起来,既不要找借口,也不要等待别人来动员督促你,因为我们每个人都固守着一扇只能从内开启的改变之门,这个门只能由我们自己去打开。

学以致用才是真目的

父母不仅要培养孩子做一个热爱学习的人,善于学习的人,更要培养孩子学以致用的好习惯。

翻开马睿的个人档案,一长串骄人的简历跃然纸上。

1989 年,12 岁的马睿考入耀华中学智力早期开发实验班。

1993 年,16 岁的马睿被南开大学生命科学院微生物系录取。

1997 年,年仅 20 岁的马睿被中国协和医科大学、中国医学科学院生物化学专业录取,从事"信息传递基因表达调控"理论研究,攻读该专业的硕士学位……马睿这个三代单传的独苗苗终于长成了参天大树。

1977 年,一个普通的男婴降生在天津市的一个普通的工人家庭里,父母希望他将来聪明,就给他起名叫马睿。对孩子早期智力和非智力因素的培养开发,将惠及孩子的一生。

表扬、鼓励是对孩子的安慰,它会使孩子萌生自豪感,化作巨大的动力,从而更加努力地完成任务。马睿的父母始终注意从正面引导、保护孩子的这种原动力,多鼓励、少批评,不给孩子泼冷水。

为了提高马睿的解题能力,老师和父母想方设法地进行训练,引导他用不同的方法去解答同一个问题,把已知条件改成未知条件,从而增加了解题的难度和深度,提高了孩子的应变能力,开拓了思路,锻炼了技巧。

后来马睿在小学数学竞赛中脱颖而出,参加了数学特长班的学习;在一次外语测试中取得了 98 分的好成绩,被挑选到实验小学参加英语特长班的学习。

通过两个特长班的进一步训练,马睿的知识水平和自学能力又有了很大的提高,为完成小学阶段的学习打下了坚实的基础。

1989 年经市教育局推荐,10 岁的马睿报考了市重点中学天津耀华中学智力早期开发实验班。当马睿手持两个证书报名填表时,就引起老师的重视,他是当时唯一持有双证报名的学生。经过考试、面试、智商测试,终于从近千名报名者中脱颖而出,被耀华中学录取。除去父母以外,教师是孩子们受教育的最直接者,有着不可替代的作用。实验班里的任课教师都是年富力强的青年教师,他们把学生当作自己的弟弟妹妹,中午和孩子们一起吃饭,课余时间和孩子们一起游戏。

同学们有些话是不愿跟父母讲的,但是可以和实验班的老师讲;父母在与教师沟通的过程中了解了自己孩子的内心世界,配合学校一起有针对性地做好学生的教育工作。四年的实验班的生活紧张而有乐趣,丰富多彩的学习生活,培养了孩子们的各种基本素质,锻炼了独立学习、独立思考、独立生活的能力。

在老师和父母的鼓励下,马睿先后参加了班里组织的支农劳动、学军活动、爱国主义教育活动等等,在德、智、体、美、劳几方面都得到了较好的发展,为他日后的成功奠定了坚实的基础。

培养孩子学以致用,要养成孩子一放学回家就做作业的习惯。做作业时,父母不要陪着做。孩子做作业时,父母不要看电视,不要大声讲话,要给孩子一个安静的学习环境。还要养成孩子做完作业后主动检查的习惯。父母可以在孩子检查后再检查,发现孩子有错再叫他检查订正。每天早上父母做饭时让孩子读15~30分钟的书。如果早上来不及,下午放学做好作业再读。

要养成晚复习早预习的习惯,要养成孩子每日看课外书的习惯,要养成学了就用的习惯。父母要鼓励孩子读课外书,拓宽孩子的知识面,提高认识能力。

学习了新的知识,一定要用,这样才掌握得牢固。父母在具体的操作上,不妨参考以下做法:

1. 抓作业

对此父母可以同孩子"约法三章":放学回家,先做作业后出去玩;做完习题,必须检查,看看有无错误;对老师改出来的错题、错字、错句,必须认真订正。

2. 抓学习态度

要求要具体,例如,专心读书,按时完成作业,不粗心大意;对有兴趣的要学,对兴趣小的也要学;书写要工整、准确等。

3. 抓技能要求

例如,做习题、写字要又快又准确;写作文有格式、有内容、有语言,包括字数的要求;手工、图画要熟练等。

4. 抓能力要求

例如,复习、预习、念书、心算的能力;观察、记忆、思考的能力等。

魔力悄悄话

当一个人生活枯燥的时候,他忘了用心体会是一种习惯。当一个人人生乏味的时候,他忘了培养幽默是一种习惯。当一个人体力日差的时候,他忘了运动健身是一种习惯。

让孩子学会积累知识

要成为一个人才,对知识的要求是无限的。可是,那许许多多的知识,不可能一朝一夕就装到一个人的头脑里,变成自己的东西,这就充分体现了在日常生活中知识积累的重要性。

古往今来的许多重要著作,都是其作者积累了大量的知识后的结晶,这充分说明了知识的重要性:《资本论》这部伟大的著作是马克思40多年知识积累的心血,这本书中的许多资料,摄取于1500多种书籍。他在阅读这些书籍时写的笔记,包括手稿、摘录、提纲、札记等,至少有100多本。他平时就十分注意积累和观察,致使他的头脑里装下了"多得令人难以相信的历史及自然科学的事实和科学理论"。

列宁从少年时代起,就养成了积累资料的习惯。他早期所著的《俄国资本主义的发展》,参阅了580多本书,摘录了工农业生产状况的各种资料。

我国北魏时期贾思勰说他写作农业科学著作《齐民要术》,是经过"采捃经传,爰及歌谣,询之老农,验之行事"而成的。这本书共92篇,分为10卷,旁征博引先秦以来的典籍一百五六十种。

知识在于积累,积累是求知之道。路要一步一步地走,知识要一点一滴地积累。积学如储宝,积少便成多。

既然许多的学问家都这样注重知识的积累,那么,作为现代人,要想成才,更是要从小就注重对知识的积累,这样一点一滴,积少成多,使自己具有坚实的知识基础,才能为将来的成才铺平道路。

青少年正在求学阶段,自然主要是学习学校所开设的各门功课。积累资料不必花很多时间,也基本上应当围绕基础知识的学习来考虑这一问题。比方说,可积累点带有指导性的学习资料。这是一种基本理论的指导,如关于如何读书的论述,关于各门学科的学习指南,关于一些基本教育理论的阐述等等。

另一类是直接的参考资料,如各门功课的参考材料、习题解难、作文指导、学习经验介绍等等。

还有一类是"因人而异"的"各取所需"的专题材料,也就是根据自己的专长爱好,有选择地积累有关书籍、报刊资料等。

积累资料的方法,一般有以下几种:

1. 存书籍

在力所能及的条件下,购买一些有关专著和必要的工具书、资料性书籍。阅读时可随时加眉批旁注或把问题、页码标在书签上,夹进书里。

2. 做剪贴

个人的报纸杂志,可随时把自己需要的文章剪贴起来,定期归类整理。

3. 写札记

用卡片、活页纸或笔记本都可以。俗话说:"最浅的墨水也胜过最好的记性。"手勤可享用长久,这是积累资料的主要方法之一。可从文章内容生发开去,写心得体会;可写概括内容的摘要;可选择文章的精粹之处,抄录下来;可作评点批注。不论采取何种方式,都须注明书名、题目、出处、日期、页码和作者名字等,以备来日查阅。到一定时候,再把卡片分门别类,装成专册。

4. 记日记

把每日所见所闻所想所感简单记录下来。在每条日记旁按"类别"评注几个字,待以后查考。

这些工作看来似乎琐碎、细小、平凡,但坚持长久,却获益匪浅,甚至可受用一辈子。经验证明,长期积累资料能显著地增强学习能力,有助于改进学习方法,有利于丰富知识、开启智慧。

魔力悄悄话

当一个人孤傲狂放的时候,他忘了谦虚为怀是一种习惯。当一个人工作疲惫的时候,他忘了认真休息是一种习惯。当一个人志得意满的时候,他忘了平淡低调是一种习惯。当一个人钱不够用的时候,他忘了投资理财是一种习惯。

第四章
独立思考更出众

有的学生只是机械地记住书本上的知识，使大脑成为知识的仓库，而根本没有经过自己的思考，这样的做法是不足取的。固然，对知识的记忆很重要，但更重要的是独立思考。

我国古代伟大的教育家孔子说："学而不思则罔，思而不学则殆。"这是对学和思的关系所做的极为精辟的论述。学习和思考两者不可偏废，特别是在当前知识大爆炸的背景下，具备独立思考的良好习惯尤为重要。独立思考的人，是不惟书，不惟上，非常自信的人。

独立思考才有智慧的奇葩

古希腊哲学家赫拉克利特说过："博学并不能使人智慧。"只有在学习和生活中善于独立思考,才能开出智慧的奇葩,特别是在当前知识大爆炸的背景下,具备独立思考的良好习惯尤为重要。

独立思考,是使愚者成为智者的钥匙;遇事缺乏思考,是智者变愚的根源。养成独立思考的良好习惯,是人们发现新的知识、通向成功之路不可缺少的桥梁。独立思考的人,是不唯书,不唯上,非常自信的人。一个常怀疑自己的人,也是不敢怀疑书本的,一个不敢怀疑书本的人,是不可能做出惊天动地的大事业的。

在学习上独立思考,其实质就是在学习知识的过程中要经过自己头脑的消化。当然,在学习的过程中,有些机械的记忆和模仿是必要的,但最终要变成自己的东西,还要经过自己的一番思考。如果不能独立思考,在学海中随波荡漾,人云亦云,那就不知会飘向何方。

青少年主动培养独立思考能力,养成独立思考的良好习惯是十分重要的。科学巨匠爱因斯坦十分强调培养人的独立思考和独立判断的能力,他说:"发展独立思考和独立判断的一般能力,应当始终放在首位,而不应当把获得专业知识放在首位。"爱因斯坦是这样说的,也是这样做的。正是由于养成了独立思考的良好习惯,具有独立思考的能力,他才创立了相对论,开辟了科学上的薪纪元。同样,诺贝尔奖获得者、美籍华人物理学家杨振宁也认为,学习和做研究工作的人,一定要有独创的精神和独立的见解。他认为独创是科学工作者最重要的素质,而这又必须从学生时代起就开始培养。在做学生时,就要在学习的基础上,敢于独立思考,提出独创性见解。

独立思考培养有方

青少年是为人生的发展打基础的时期,在这期间,一定要重视培养自己的独立思考能力,养成独立思考的良好习惯。那么,具体该怎么做呢?

1. 要明白独立思考的重要性,产生独立思考的热情

由于现行教育制度的缺陷,有的学生不需独立思考,只要死记硬背,也能取得较好的成绩,认为独立思考是卖力不讨好的事情。为了纠正这种错误的认识,就要真正懂得独立思考的意义,主动进行独立思考能力的培养,逐步养成独立思考的良好习惯。

2. 要多进行独立思考的活动

不要小看这独立思考的小火星,"星星之火,可以燎原","自古成功在尝试",只要敢于独立思考,就说明自己不拘泥于现成的东西,这是十分可贵的。

3. 要克服高不可攀的心理

一提起独立思考,大多数学生就会摇头:"老师讲什么,我们就学什么;书本上说什么,我们就记什么。独立思考,是科学家的事。我们哪有这个本事啊!"的确,科学家需要独立思考的能力,但独立思考也并非高不可攀,可望而不可即的。其实,对老师讲的有不同意见,经过思考向老师提出来就是一次独立思考的过程。还有,对书上的习题提出与老师不一样的解法,也是独立思考。所以,中学生要在学习和生活中敢于进行独立思考,善于进行独立思考,逐步培养独立思考的良好习惯。

魔力悄悄话

都说习惯决定人生,但是养成一种习惯与告别一种习惯。都绝非易事。因为人们总是依赖那些习以为常的事。殊不知它既能将你带入天堂,也有可能带你进入地狱!

给思考留些时间

英国著名的物理学家卢瑟福,是最早完成原子核裂变实验的科学家。他很注重思考,认为只有思考得越多,实验的成功率才会越大。

有一天晚上,卢瑟福走进实验室,见他的一位学生仍然在做实验。他很不高兴地问道:"这么晚了,你还在这儿做什么?"

学生回答说:"我在工作。"

"那你白天干什么呢?"卢瑟福又问。

"我也工作。"学生答道。

"那么你早上也在工作吗?"卢瑟福问。

"是的,教授,早上我也工作。"学生自信地回答。

卢瑟福更加不高兴了,皱了皱眉头,说:"你这样一天到晚地工作,用什么时间来思考呢?"

学生被问得哑口无言。

这种浪费时间的表现是每时每刻都努力工作,每时每刻都紧张学习,不讲效率埋头苦干,时间花去不少,成果却不显著。抓紧时间工作固然重要,但是行动要受到思考的支配。有了正确的思考,才能走上正确的道路。给思考留些时间,对所要解决的问题首先进行全面彻底的分析,并制订出确实可行的计划,然后再付诸行动,才能使每一步行动都有目的、有意义。

诚然,一切成果的取得,都离不开实践。光想不干,想得再好,于事无补;脱离实际,想入非非,还会把事情搞坏。从实际出发,"学会分析事物的方法,养成分析的习惯",在实践中思考,在思考中实践,思考得越深,就会实践得越好。实践是一种磨砺,思考同样是一种磨砺,而且是一种更深层次的磨砺。

有了思考空间,才能从司空见惯的现象中有所发现。牛顿把"苹果从树上自由落下"留在了思考空间,启示他探索出了"万有引力";瓦特把"壶盖被开水顶动"留在了思考空间,引导他发现了蒸汽机;伽利略把"不同长度挂灯的摇摆"留在了思考的空间,促使他发现了等时性原理……诸如此类的现象,寻常人熟视无睹,唯有具有探求精神的人,才把它留在了思考的空间,并通过孜孜不倦的追求,以至有所发现、有所发明、有所创造。

有了思考的空间,才能从前人的"定论"中有所突破。亚里士多德曾断言:物体从高空落下,"快慢与其重量成正比"。面对早已"盖棺"的"定论",伽利略不是"连想都不去想",而是重新用实践检验它是否是真理。他拿着两只大小不同的球,跑到比萨斜塔上一次次往下扔,结果证明亚里士多德的断言是错误的。

不仅如此,伽利略还从中掌握了物体运动的轨迹,推动了力学的发展。"在你眼里,伟人之所以伟大,是因为你是跪着的",站起身并拉开一定的距离,你就会发现,伟人也是人,他们由于各种条件的局限,同样有这样或那样的缺点和不足。跪倒在"电磁波穿过空气层就会一去不复返"这一"定论"的脚下,马可尼就不能把信号送过大西洋,开创无线电事业;跪在牛顿"时间、空间绝对不变"这一"定论"的脚下,就没有爱因斯坦的相对论。电磁场、原子能的发现,生物进化论、元素周期表的创立,不都是敢于向权威错误论断挑战的结果吗?

有思考的空间,才能对自身实践有理性的提升。在工作顺利时,有些人的头脑往往被成绩装得满满的,失去了思考的空间,其后果不言而喻。其实,成功时要思考的问题很多。成功的条件是什么?发展的前景是什么?要继续开拓前进,还需要做什么?在这样的关节点上多思多想,才能使我们保持清醒头脑。

遇到挫折更要有思考的空间。所谓失败是成功之母,是有条件的。条件便是动脑筋,找出原因,接受教训。现实情况往往是,一有失误,有人便说:"没关系,只当是交了一次学费。"如果别人这样说,作为一种热情的勉励和鼓舞,当然是有其积极意义的;但如果自己先这样讲,那就未免有失慎重了。失误是允许的,然而不能忘记,我们的目标是成功。

有了思考空间,才能有一个再创造的天地。知识、经验可以为我们提供思路,使我们轻车熟路地解决许多以前遇到过或未遇到过的问题,并且给我们提供规律原则。

另一方面,正是这样的规律太多,则可能给我们提供僵化的教条。心理学中有个概念叫"定势",它是指人们在解决问题时,过于相信从前解决问题所用的方法。当人们习惯于做什么,就很容易养成一种思维偏见,成为习惯的奴隶,墨守成规,虽然掌握了规律,却轻视了创造。

所以,我们对待知识和经验应防止习惯和顽固,在头脑中留一片思考的空间,让给创造。在顺境中多思考,我们能保持清醒的头脑、稳健前进的脚步;在逆境中多思考,我们会找剑失败的症结,踏上通往成功的道路。

魔力悄悄话

好的习惯贵在坚持,坏的习惯源于惰性。是习惯决定了你的人生价值,前途未卜之时,习惯就是你的方向。在成败的毫厘之间。习惯决定一切!

正确思考才能解决问题

有一个关于一位牧师的令人惊奇的小故事：他在一个星期六的早晨，准备他的讲道。他的妻子出去买东西了。那天在下雨，他的小儿子吵闹不休，令人讨厌。最后，这位牧师在失望中拾起一本旧杂志，一页一页地翻阅，直到翻到一幅色彩鲜艳的大图画——世界地图。他就从那本杂志上撕下这一页，再把它撕成碎片，丢在起坐间的地上，说道："小约翰，如果你能拼凑这些碎片，我就给你2角5分钱。"

牧师以为这件事会使约翰花费上午的大部分时间，但是没过10分钟，就有人敲他的房门，这是他的儿子。牧师惊愕地看到约翰如此之快地拼好了一幅世界地图。"孩子，你怎样把这件事做得这样快？"牧师问道。"啊，"小约翰说，"这很容易。在另一面有一个人的照片。我就把这个人的照片拼到一起，然后把它翻过来。我想如果这个人是正确的，那么，这个世界也就是正确的。"

牧师微笑起来，给了他的儿子2角5分钱。"你也替我准备好了明天的讲道。"他说，"如果一个人是正确的，他的世界也就会是正确的。"

这给予我们很大的启示：**如果你想改变你的世界，首先就应改变你自己。如果你的思想是正确的，你的世界也会是正确的。这就是正确的思考的基本原理。**

当你进行正确的思考的时候，你的世界的一切问题都会迎刃而解。

爱因斯坦的成功，首先应归功于他的正确的思考和创造力。

有一次大发明家爱迪生满腹怨气地对爱因斯坦说："每天上我这儿来的年轻人真不少，可没有一个我看得上的。"

"您断定应征者合格或不合格的标准是什么？"爱因斯坦问道。

爱迪生一面把一张写满各种问题的纸条递给爱因斯坦，一面说："谁能回答出这些问题,他才有资格当我的助手。"

"从纽约到芝加哥有多少英里?"爱因斯坦读了一个问题,并且回答说:"这需要查一下铁路指南。""不锈钢是用什么做成的?"爱因斯坦读完第二个问题又回答说:"这得翻一翻金相学手册。""您说什么,博士?"爱迪生打断了爱因斯坦的话问道。"看来我不用等您拒绝,"爱因斯坦幽默地说,"就自我宣布落选啦!"

爱因斯坦从自己的切身体验出发,强调不能死记住一大堆东西,而是要能灵活地进行思考。爱因斯坦认为,正确地进行思考,是追求成功至关重要的条件。小时候的爱因斯坦一点也看不出来有什么天才,到3岁的时候,还不会讲话。6岁上学,在学校里成绩非常差,一上课就是被批评的对象,老师还说他永远也不会有什么大的出息。大家一致认为他是一个天生的笨蛋。但,爱因斯坦在12岁的时候,就已经决定献身于解决"那广漠无垠的宇宙"之谜。

15岁那一年,由于历史、地理和语言等都没有考及格,也因为他的无礼态度破坏了秩序和纪律,他被学校开除。爱因斯坦非常重视思考和想象。他说:"想象力比知识更重要。因为知识是有限的,而想象力包括世界上的一切,推动着进步,并且是知识进化的源泉。"

他在16岁时,喜欢做白日梦,幻想着自己正骑在一束光上,做着太空旅行,然后思考:如果这时在出发地有一座钟,从我坐的位置看,它的时间会怎样流逝呢?从此,他开始了他的科学远征。他设计了大量理想实验,提出了"光量子"等模型,为相对论和量子论的建立奠定了基础。

灵活地进行思考对一个人的成功是非常必要的。抱持"提出一个问题往往比解决一个问题更重要"的思想,才能不断地提出问题,并在解决这些问题的同时逐渐迈向一个个人生的高峰。

魔力悄悄话

习惯的力量是巨大的,它无时无刻不在影响着我们的思维方式和行为模式。我们每天大部分的行为都是出自习惯的支配,可以说,几乎在每一天,我们所做的每一件事,都是习惯使然。

勤思考头脑才灵活

心理研究表明,即使是白痴也会有疑问的,不存在无疑问的人生。胡克教授在他著的一部叫《人生如痴人说梦》的书中,解剖白痴心理时说道:白痴的疑问经由一个正常人无法企及的感觉通道发挥作用,几乎个个问题都与生命的大问题相关。也就是说,白痴的思维逻辑里蕴藏着解决基本问题的奇妙方法。可惜我们太正常了,无法理解其运行方式。言语之间,甚至对"正常"也提出了怀疑。

詹姆斯·艾伦说:"学会了问问题,就已经学会了思考。"思考将带来新的问题。基布尔学院的威廉·休斯克教授在心理研究教师团里能够自成一家地独立出来,主要依赖他对人的早期心理研究卓有成效,使牛津大学在心理研究上有了自己的一张王牌。威廉·休斯克的最著名结论是:"个性从第一个疑问开始形成。"他认为婴儿时代的疑问将人生导向疑问的深渊。他认为如果婴儿对周围环境表现出好奇和敏感,最终将成长为具有社会倾向的个性;而对自己的身体感兴趣的婴儿,最终将具备内省式的个性。

人生必在思考中度过。我们最基本的生活方式是思考。一个人不惯于思考,生活就变得机械、麻木、没有了创造力,根本不可能成就一个了不起的个性,永远是三流人物。

一个人要想保持头脑灵活,必须掌握一定的诀窍,主要包括:

1. 经常用脑

思考对大脑来说,如机器运转,不思考的大脑就会像久停的机器一样锈蚀。经研究证明,人脑智能远未完全被开发出来。经常用脑无疑是开发智能的良方,多阅读多提问,能促进脑细胞更好地新陈代谢,提高思考和记忆力。

2. 信息筛选

人脑可贮存 1000 万亿条信息。如此多的信息如不加以筛选,必将互相干扰,影响思考效果。每天都应该对进入脑中的信息做一次回忆整理,分清主次,对主要信息可用脑力去思考并进行记忆,对次要信息则可以不做强化记忆。

3. 有张有弛

在大脑神经细胞中,各细胞群之间有一定的分工。当思考研究某一问题时间过长时,人往往会感到疲劳,效率会下降。这时可转换一下思考内容,或者去阅读一下图书资料。这样有助于脑细胞功能恢复。当脑力工作疲劳时,可转换一些体力劳动和娱乐活动,这样可使紧张的脑神经松弛下来。

4. 体质投资

高效率的脑力工作必须有良好的身体做保证。思考中脑细胞对氧的需求量很高,体质差的人吸收氧的能力低,常常大脑供氧不足,因此思考时间长了就会头晕。如此说来,加强锻炼,增加营养,对健脑补神都是很重要的。在主食中增加蛋白质、葡萄糖、卵磷脂类食品对大脑很有益处。另外,充足的睡眠也是补养大脑的方法。睡眠是精力源泉,是患者的良药。生理学家证明,良好的睡眠有助于记忆整理。睡眠时大脑可以对白天积累的信息进行自动调整,为日后使用提供资料。

魔力悄悄话

拿破仑·希尔说:"习惯能成就一个人,也能摧毁一个人。"每个人都有各种各样的习惯,在我们众多的习惯当中,能够成就一生的自然是那些好习惯,正如俄国教育家乌申斯基所说:"良好的习惯乃是人在神经系统中存放的道德资本,这个资本在不断地增值,而人在其整个一生中就享受着它的利息。"而那些坏习惯,就像一堵玻璃墙,把我们与成功隔离开来,让我们只能看到成功近在眼前,却总是无法到达。

思考善于打破常规

传统的想法会冻结你的心灵,阻碍你的进步,干扰你的创造能力。以下是对抗传统性思考的方法。

要乐于接受各种创意。要摒弃"不可行""办不到""没有用""那很愚蠢"等思想渣滓。

要主动前进,而不是被动后退。

成功的人喜欢问:"怎样才能做得更好?"

突破常规不仅要求打破传统思维,建立理性的思维,还要求人们敢于幻想。

每一个人都具有想象力,而想象力正是创造力的源泉。将梦境中所见尽量描绘出来,就是一种想象力的运作;发明一样东西或创造一样东西,也都是在发挥想象力。

想象力丰富的人,好奇心会比别人强十倍。

一个人如果缺乏好奇心,却想做一位出色的实业家,那是相当困难的。好奇心强的人,不但对于吸收新知识抱有高度的热忱,并且经常搜寻处理问题的新方法。因此,一个人如果没有了好奇心,就不可能花心思研究新事物,只是遵循前人的步伐原地踏步而已,更不用说会有惊人的成就出现了。

走出囚禁思维的栅栏

每个人都会有"自身携带的栅栏",若能及时地从中走出来,实在是一种可贵的醒悟。与生俱来的独一无二的创造自由态度,勇于进取,绝不自损、自贬,在学习生活中勇于独立思考,在日常生活中善于注入创意,在职业生活中精于自主创新,正是能够从自我囚禁的"栅栏"里走出来的鲜明标志。

形成创造力自囚的"栅栏",通常有其内在的原因,是由思维的知觉性障碍、判断力障碍以及常规思维的惯性障碍所导致的。知觉是接受信息的通道,感、知觉的领域狭窄,通道自然受阻,创造力也就无从激发。这条通道要保持通畅,才能使信息流丰盈、多样,使新信息、新知识的获得成为可能;也才可能使信息检索能力得到锻炼,不断增长其敏锐的接收能力、详略适度的筛选能力和信息精化的提炼能力,这是形成创新心态的重要前提。判断性障碍大多产生于心理偏见和观念偏离。要使判断恢复客观,首先需要矫正心理视觉,使之采取开放的态度,注意事物自身的特性而不囿于固有的见解或观念。这在新事物迅猛增殖、新知识快速增加的当今时代,尤其值得重视。常规思维的惯性,又可称之为"思维定势",这是一种人人皆有的思维状态。当它在支配常态生活时,还似乎有某种"习惯成自然"的便利,所以不能说它的作用全不好;但是,当面对创新的事物时,如若仍受其约束,就会形成对创造力的障碍。

可见,要从自囚的"栅栏"走出来,还创造力以自由,首先就要还思维状态以自由,突破常规思维。在此基础上,对日常生活保持开放的、积极的心态,对于新世界的人与事,持平视的、平等的姿态,对创造活动,持成败皆为收获、过程才最重要的精神状态,这样,我们将有望形成十分有利于创新生涯的心理品质,并使得有可能产生的形形色色的内在消极因素及时地得以克服。

学会立体思维

要学会从三维的空间和一维的时间观察和理解人与环境,善于从环境中认识自己,知道自己在环境里处在怎样的网络位置上。这种多维的取向并非是要你去尝试各种职业或各种生活方式,而是要你从个性的种种要素上充分地鼓励自己,培育自己,挖掘自己的能力。

立体思维可以使你发散式(如阳光四射)地或复合式(如磁铁引力)地洞悉事物的内外联系。其中自然有以时间为参照的回顾与展望,这样无论是微观或宏观对象都能以立体思维的方式,或精细分析,或综合体悟而获得解释和创见。当人以立体思维的视野和方式思考问题时,就能以最少的偏见或成见看问题,也能获得更多灵感和远见。

有了立体思维的概念,还要有意识地训练自己立体思维的能力。

当我们将自己的个性发展定位在全新的时空背景里,自己从每件小事做起,从每一条信息中看出有价值的部分;在每一个机会里安排下自己的目标,从自己的每一个念头里发现新的内容;在每一回冲动里感到自己的热情与意志,并在每一次行动中体验到自己的成长。这时我们会觉得"每一天的太阳都是新的",世界充满了生机,我们有那么多的事要做,有那么多东西要学,而可走的路四通八达,肯帮我们的人无处不在。这实质上是一种精神状态,是源自智力锻炼的健康心态。一个人打开了智慧潜能的闸门,他会觉得处处阳光灿烂,当然还要有气质的调养,以适应智力的指引;也要有性格的改善,以最终使行动变得明智有效。全息式的进取,是人一生追索的境界,也是自我发展、个性成长的坦途,尤其是青少年在渐渐独立面对社会,渐渐单独置身于成人世界,如果具有全息意识,就会减少许多意外的麻烦和内心的挫折感,会更快地增进韧性、应变力和勇气,更好地成熟起来,也会早一天显出自己的创造力。

魔力悄悄话

古往今来,多少人因为自己的坏习惯含恨,终生,又有多少人因为自己的坏习惯找不到人生的幸福,更有甚者,因为自己的坏习惯葬送了最弥足珍贵的生命。《三国演义》中的周瑜,纵使有英雄气概,终究逃不过气量狭小恶习的惩罚,被诸葛亮三气之下,一命归西。

经常提问，善于思考

　　某年，中国中学生到国外参加一项奥林匹克竞赛，成绩十分喜人，获得的金牌数量和奖牌数量，都名列参赛各国首位。

　　赛后，竞赛组织者请出了出题的专家、教授，跟这些参赛的各国中学生们见面，希望选手们向专家、教授提问题。

　　除中国选手外，其他国家的选手都十分踊跃。有的国家的中学生指出，出题者在某题上的思路不对，没有现实意义，如果改造一下会更好；有的咨询某方面问题的最新科研成果、发展方向；有的拿出自己的题目让教授专家来解答。

　　而获得金牌和奖牌最多的中国学生，却在旁边默不作声。不是他们英语过不了关，其实他们参赛前都经过英语的强化、都有非常好的口语。而是中国学生平时的注意力以及竞赛时的注意力，全部集中在解答专家们的题目上了，没有胆量、没有心思去想，专家的题目还会存在什么问题，于是提不出问题，就干脆不开口。

　　俗话说："问是学之师，知之母"。现实生活中，我们每一个人不可能事事都通，许多问题对于我们来说都是一无所知，即便是学习成绩优秀的学生，也不一定什么事都别人知道得多。有问题并不可怕，怕的是不问。

　　美籍华人李政道教授一次在同中国科技大学少年班学生座谈时指出："为什么理论物理领域做出贡献的大都是年轻人呢？就是因为他们敢于怀疑，敢问。"他还强调说："一定要从小就培养学生的好奇心，要敢于提出问题。"

善于提问才能增进知识

　　生活中有太多的"为什么"，只是常常因为我们的懒惰才故意忽略不提，久而久之，这些"为什么"就变成了永远解不开的谜，而我们的见识也不会有太多的增长。

其实，凡是那些学有所成的名人，都有一个很好的习惯，那就是独立思考，当他们遇到不懂的问题时，一定要想方设法去弄明白，就像小时候的爱迪生一样：

有很长一段时间了，爱迪生对家里养的那只母鸡产生了浓厚的兴趣，常常蹲在鸡窝边皱着眉头观察那只趴在窝里的正在孵小鸡的母鸡，显出一副可爱深沉的模样。

知儿莫如母，妈妈知道，儿子一定又在思考问题了。果然，有一天，爱迪生动手把鸡窝里的那只母鸡强硬地抱了出来，结果被发怒的母鸡啄破了手。

爱迪生不解地问妈妈："别的母鸡下了蛋以后，都跑到外面来，咯咯大、咯咯大的告诉人们，可这只母鸡为什么不出来玩儿，还那么霸道地看住几只鸡蛋不放？我想让它到外面跑跑，它还啄我的手。瞧，手都破了。"

妈妈听了儿子的话，忍不住笑起来。她边给儿子包扎伤口边告诉他："这只母鸡正在预备做妈妈呢。它不是在下蛋，而是把这些鸡蛋放在身子底下，用身体温暖它们。这样过了一段时间，鸡蛋里面就会有一只小鸡雏，等它长成形以后，就会伸出尖尖的小嘴把硬硬的蛋壳啄开，然后从里面跑出来。到那时，鸡妈妈就完成了孵小鸡的过程。"

妈妈又摸了一下爱迪生的头，说："你现在把母鸡从鸡窝里抱出来，它肯定以为你要把它的小宝宝抢走呢，能不跟你拼命吗？"

真奇怪，母鸡趴在鸡蛋上就能生出小鸡来，那人趴在鸡蛋上面一动不动，是不是也照样可以生出毛茸茸的小鸡来呢？爱迪生歪着脑袋想着，已经忘记了手破的疼痛……

生活中任何一件小事情都能激起爱迪生强烈的求知欲，他总是在不断地寻求答案，正是这种认真、爱思考、爱学习的精神才最终帮助他成为一个著名的发明家吧！

对照一下我们自己，觉得很惭愧，因为，有时候我们实在是太不爱思考了。每次做作业遇到难题的时候，我们总是想都不想就跑去问别人，然后就按别人的做法做了，也不考虑为什么要这么做。

现在知道了，要获得成功，就要从小养成爱思考的习惯，每个问题都要去问明白,弄清楚。

对于一些孩子不善质疑的坏习惯,我们可以从以下几个方面来纠正:

1. 要帮助孩子克服心理障碍,让他们认识到学会质疑的重要性。

2. 设法经常锻炼孩子的胆量。

3. 营造宽松的家庭氛围。

4. 培养自信心,克服自卑感。

5. 耐心教育、帮助孩子树立"不耻下问"的精神。

6. 教给孩子正确的提问技巧。

魔力悄悄话

在我们的身上,好习惯与坏习惯并存着,唯一能够有效改变我们生活的手段便是有效地、最大限度地改变我们的不良习惯。改变不良习惯,养成好习惯,并不是一蹴而就的事情,它需要我们用毅力、恒心和不断地自我提醒才能达成。幸运的是,我们每个人都具备这些能力,只要你肯用心!

善于思考的高斯

德国数学家高斯,是近代数学奠基者之一,有"数学王子"之称,他在历史上的影响之大,可以和阿基米德、牛顿、欧拉并列。

高斯非常善于思考,这种良好的思维习惯在他小时候就已经表现出来。高斯的父亲作泥瓦厂的工头,每星期六他总是要发薪水给工人。在高斯三岁时,有一次当他正要发薪水的时候,小高斯站了起来说:"爸爸,你弄错了。"然后他说了另外一个数目。原来三岁的小高斯趴在地板上,一直暗地里跟着他爸爸计算该给谁多少工钱。重算的结果证明小高斯是对的,这把站在那里的大人都吓得目瞪口呆。

小高斯10岁时,有一次他的数学老师让他们全班解答一道习题:"立即计算出'$1+2+3+4\cdots\cdots+100=?$'的答案"。这个题目在今天早已家喻户晓,可是在那个时候,那个场合,对于一群小学生来说,还真不容易。要算出这么长的算术题耗时不少,孩子们都想争取第一个算出来,立刻在草稿纸上做了起来。

只有小高斯还没有开始动手,不是想偷懒,也不是发呆,他在想,难道一定得经过这么复杂的计算过程吗?从客观上说,他在进行思维的谋划,谋划的目的是要寻找一种能够成倍提高思维效率的策略,这个过程花去了相当于其他同学进行加法计算的二分之一的时间。

这时候,老师看见了他,走上前来问他怎么了,为何还不开始计算。小高斯说他已经知道答案了,是5050。老师十分诧异,问他是否提前做过这道题。高斯于是告诉老师,他通过观察发现这一组数字中1加100等于101、2加99等于101……这样的等式一共有50个,因此这道题可以化简为"$101\times50=5050$"。

"真是太精彩了!"老师赞扬地说。

这种"精彩"不取决于孩子的智商。事实上小学生的智力与学业成就的相关系数只有 0.21,它应该取决于孩子良好的思维习惯,使智力的潜在能力得到充分发挥。认真的思考虽然为孩子解决问题的过程增加了一个环节,却使解决问题的时间缩短了很多倍,大大提高了学习的效率。小高斯进行思维的谋划花去了相当于别人解题所耗时间的一半,然而计算出"101×50 = ?"只需要 1 秒钟。从这里边,你难道还看不出善于思考的优势吗?

养成认真思考的学习习惯对孩子们是非常重要的,它可以帮助孩子加深对知识的理解和记忆,把散在的知识点连结成有机的整体,从总体上把握知识体系,提高学习质量。

养成认真思考的学习习惯,有利于对书本知识批判地吸收,可以防止"死读书",从层次上提高了个人的学习能力。养成认真思考习惯还可以不断解开疑团,激发灵感,从而有所发现,有所发明,有所创造。

在大家眼里,爱迪生确实堪称天才,他是人类历史上最伟大的发明家,一生共创造了 1093 项发明,包括白炽灯泡、留声机、电影等。

这些成就让我们普通人望尘莫及,然而他本人却把这些归功于勤于思考的习惯。

爱迪生真正明白,正是勤于思考的好习惯,让人们把自身更多的潜能开发出来。

父母怎样才能使孩子养成明辨善思的思考习惯呢?儿童教育专家认为,作为父母创造出一种"家庭思考环境"非常重要,其具体做法是:

1. 父母应注意引导孩子对思考采取认真的态度

聪明的孩子可能懒于思考,因而他们对任何东西都会不加思考地发表看法,对此应引导他们认真思考。

2. 培养孩子独立思考越早越好,小孩子往往有千奇百怪的想法,要引导孩子自己去思考

3. 随时给孩子出一些思考问题

无论是带孩子上博物馆,陪他们看书看电影,父母都可提一些问题,启发孩子进行思考。

4. 全家参与

家长在一起谈论问题时,即使年龄很小的孩子,也会有自己的看法。

5. 对问题要全面思考

教育孩子无论对什么事物,都要考虑到他们的优缺点,是否有吸引力,

有无参考价值等等。对事件则要考虑它的短期、中期和长期的后果。

6.善于归纳,举一反三

孩子在学校里就是将一点一滴的知识聚集起来。把所学的知识归纳之后,就没有心要学同样的东西。

魔力悄悄话

有人说:"就像锻炼肌肉一样,我们同样可以锻炼和开发我们的大脑……恰当地锻炼、恰当地使用大脑,将使我们的思维能力得到加强和提高。而思维能力的锻炼,又将进一步拓展大脑的容量,并使我们获得新的能力。"爱迪生进一步解释道:"缺乏思考习惯的人,其实错过了生活中最大的快乐。不仅如此,他也会因此无法最大化地发挥和展现自己的才能。"

第五章
独立自主，开拓人生

　　每个人都渴望独立，从古至今无数人为了独立、为了自由艰苦奋斗，因为独立意味着一个真实的个体的存在，这种存在完全是由自我决定的，是不附属于任何人的。不能独立自主的人是可悲的，是丧失自我的悲剧性人物，这样的人很难在社会上立足，更不要说取得成功了。现在中国的家庭中大多只有一个孩子，孩子都成了父母的心肝宝贝。许多父母认为让孩子幸福的方法就是为他们多做点儿事情。最后，就造成了孩子长大了却什么都不会做的情形。所以要培养孩子的独立自主的习惯。

依靠自己才能变得强大

人，要靠自己活着，而且必须靠自己活着，在人生的不同阶段，尽力达到理应达到的自立水平，拥有与之相适应的自立精神。这是当代人立足社会的根本基础，也是形成自身"生存支援系统"的基石，因为缺乏独立自主个性和自立能力的人，连自己都管不了，还能谈发展、谈成功吗？即使你的家庭环境所提供的"先赋地位"是处于天堂之乡，你也必得先降到凡尘大地，从头做起，以平生之力练就自立自行的能力。因为不管怎样，你终将独自步入社会，参与竞争，你会遭遇到比学习生活要复杂得多的生存环境，随时都可能出现或面对你无法预料的难题与处境。你不可能随时动用你的"生存支援系统"，而必须得靠顽强的自立精神克服困难，坚持前进！

待在家里、总是得到父母帮助的孩子一般都没有太大的出息，就是这个道理。而一旦当他们不得不依靠自己，不得不动手去做，或是在蒙受了失败之辱时，他们通常就能在很短的时间内发挥出惊人的能力来。

抛开拐杖，自立自强，这是所有成功者的做法。其实，当一个人感到所有外部的帮助都已被切断之后，他就会尽最大的努力，以坚韧不拔的毅力去奋斗。而结果，他会发现自己可以主宰自己命运的沉浮！

被迫完全依靠自己、绝没有任何外部援助的处境是最有意义的，它能激发出一个人身上最重要的东西，让人全力以赴。就像一场火灾或别的什么灾难，这种十万火急的关头，会激发出当事人做梦都没想到过的一股力量。危急关头，不知从哪儿来的力量为他解了围。他觉得自己成了个巨人，他完成了危机出现之前根本无力做成的事情。当他的生命危在旦夕，当他被困在出了事故、随时都会着火的车子里，当他乘坐的船即将沉没时，他必须当机立断，采取措施，渡过难关，脱离险境。

一旦人不再需要别人的援助，自强自立起来，他就踏上了成功之路。一旦人抛弃所有外来的帮助，他就会发挥出过去从未意识到的力量。如果我们决定依靠自己，独立自主，就会变得日益坚强，距离成功也就越来越近。

自强自立才不会被淘汰

自强自立是中华民族生生不息的精神源泉,历来中国人都非常强调和崇尚自强自立的精神。自立是指只靠自己的能力行动和生活,不论碰到什么问题,要自己动脑筋思考,要用自己的力量去克服困难;自强是依靠自己的努力,立足于社会。自强自立是现代社会人所必备的素质,不能自强自立的人,必然被激烈竞争的社会所淘汰。

从理论上讲,每个人都是可以自立的,然而真能充分发展自己自立能力的人却很少。依赖他人,追随他人,按照他人的想法去做事,自然要比自己动脑筋轻松得多。但是若事事有人替我们想,替我们做,必定有碍于我们的事业的成功,也不利于我们的成长。

要使我们的力量和才能获得发展,不能依靠他人,而主要靠自己。一个能够抛弃救助,放弃外援,主要依赖自己努力的人,才能得到真正的胜利。自立是开启成功之门的钥匙。

一个人在依赖他人时,无法感觉到自己是一个"完全的人",只有当他可以绝对自立自强时,他才可以感觉到自己是一个无缺憾的人,才能感觉到一种光荣和满足。而这种光荣与满足,是别的东西所不能给予的。

当我们放弃求助于他人的念头,变得自立自强,就已经走上了成功的道路了。我们能不借外力,自立自强,我们就能发挥出意想不到的力量,我们离成功也就不远了。

奋发自强是我们内心蓄积着的庞大力量,这种力量可以帮助我们渡过很多难关,可以带领我们向前迈步,义无反顾地只想做得更好。

当我们觉得际遇不如人,孤立无援的时候,奋发自强的心便是我们的最好支柱,因为这颗心能令我们无论在什么恶劣的环境中也誓不低头,努力发挥最大潜能。有了这颗心,我们便坚如磐石,经得起人生中的大风大浪!

做一个自强自立的人,无疑就是说做一个敢于坚持自己的权益和见解的人,在正确的事、物面前不受任何主观因素的影响。要知道,只有敢于坚持自己的理想信念,才能在当今竞争激烈的环境中得以生存,乃至于达到我们人生所需的最高境界。

每个人都有渴望成功和维护自己权益不受别人侵害的能力。在此,一个人要想摆脱困境不受别人支配,就要敢于坚持自己的权益和见解,同时在我们认为已占上风之时切忌把自信变为自大。这就好比锐利的刀刃虽然好割切,但容易缺损;锋芒的言辞虽然善辩论,但容易丧气。故此,作为一个有能力的优秀人才,必须具有良好的道德修养,反之,我们就是个骄傲自大盲目自负的人。

魔力悄悄话

做人是一生成败的重要话题,它又与心态有关,凡是在这两点上过不了关的人,一定会遭遇大小挫折。这是硬道理,甚至可以说,做人的心态,既影响一生,也决定一生。很多人明白此两点,但行动起来,就非常困难,以至半途而废,结果让人生的可能变成不可能。

自立者,天助也

"自立者,天助也",这是一条屡试不爽的格言,它早已被漫长的人类历史进程中无数人的经验所证实。自立的精神是个人真正的发展与进步的动力和根源,它体现在众多的生活领域,也成为国家兴旺强大的真正源泉。从效果上看,外在帮助只会使受助者走向衰弱,而自强自立则使自救者兴旺发达。

自助和受助这两个事物,虽然看起来是相互矛盾的,然而它们只有相互结合才是最好的——高尚的依赖和自立,高尚的受助和自助。

自力更生和自己战胜自己将教会一个人从自身力量的源泉中吸取动力,从自己的力量中品尝到甜蜜的味道,学会正确地劳动以供养自己。

自立的精神,是一个民族力量的真正源泉。

最穷苦的人也有登及顶峰的时候,在他们走向成功的道路上被证明没有根本不可战胜的困难。

成功的大门时刻为那些肯吃苦耐劳的人敞开着。

无论别人的感激显得多么明智和多么美好,从事物本身的性质来讲,人们自己应当是自己最好的救星。

要成功必须自强自立

从古至今,绝大多数的富翁对于财富的处理,一般是全部留给子孙。但是在美国的富翁中,近年来却有一种新的风尚在流行,就是不要留太多的财产给子孙后代,以免他们不思进取,成了扶不起的阿斗。这种风尚的实践者有大名鼎鼎的微软创办人比尔·盖茨、投资家华伦·巴菲特等举世闻名的大富翁。

现代富翁之所以有这样的观念,可能源自罗斯·柴德留下的教训。罗斯·柴德是比巴比特老一辈的富翁，他把所有的财产都留给了儿子拉斐尔，但拉斐尔在继承遗产两年后被人发现死于纽约一处人行道上，死因是吸食海洛因过度，年仅 23 岁。

美国卡耐基基金会就曾做过一项调查，在继承 15 万美元以上财产的子女中，有 20% 的人放弃了工作，整天沉溺于吃喝玩乐，直到倾家荡产；有的则一生孤独，出现精神问题，或是做出违法乱纪的事来。

的确，人生于天地之间，自立自强才是人生最重要的课题。一代大教育家陶行知老先生有一首诗写得好："滴自己的血，流自己的汗，自己的事情自己干，靠天靠地靠老子，不算是好汉。"人生最可依赖的是什么？是知识、是智慧、是汗水。人常说："靠人种地满地草，靠人盛饭一碗汤。"父母都不可能依靠一生一世，何况他人？因此，这个世界上最可靠的不是别人，而是自己。

自强与自立是任何一个人成才所必须具备的条件与素质。生活在社会中的人们，不仅要学会生存，更重要的是要学会自强，在自强中立于不败之地。所以，做父母的应该让孩子多磨砺，多吃苦，跌倒了，摔跤了，也不要紧，学走路的孩子总是要摔几跤的，最怕的是父母因为生怕孩子跌倒，而总是抱着孩子，抱大的孩子连路都走不好，哪还谈得上自强自立和成才呢？广大青少年朋友和家长都必须意识到：

1. 父母不能护终生

普天之下，大凡做父母的，都疼爱自己的孩子，但疼爱的方式却大不一样。有的人以为，给孩子吃好，穿好，死后还有大笔财产留给他们，这就是爱。而有的人则恰恰相反，从小让孩子吃苦受累，也不留什么遗产给他们，让他们自己去创立家业。在这一点上，著名爱国华侨陈嘉庚先生堪称我们的表率。

2. 包办代替不是爱

不知从何时开始，中国的父母为子女代劳的现象举目皆是。陪读的父母，每天辛苦接送子女的父母，代子女做卫生、帮子女做作业的父母，乃至祖父母、外祖父母，他们整天为小太阳忙得不亦乐乎。儿女们复习功课、做家庭作业、课外实践、参加学科竞赛等，哪一项不是在家长的陪同下完成的？家长对儿女的教育可以说是"一千个用心，一万个在意"，却很少有人注意教育孩子应具有独立、自立的能力。在巨大的家庭温室里，孩子们弱不禁风，依赖性越来越强。

所以爱孩子，就应该给孩子一对坚强有力的翅膀，使他能在蓝天里飞翔。孩子的可塑性很强，在父母的羽翼下长大，虽然温馨舒适，但永远是温室中的花朵；如果能让孩子从小经风雨见世面，培养自强自立的意志品格，小树苗就一定能长成参天大树，相信家长们一定会有正确的判断和选择。

3. 现代社会需要自强自立的青年

自立是指只靠自己的能力行动和生活。不论碰到什么问题，要自己动脑筋思考，要用自己的力量去克服困难，依靠自己的努力，立足于社会。

自强自立就是要让孩子学会扬长避短，家长则应善于发现孩子的特长，让每个孩子都看到自己是有用之才。三百六十行，行行出状元，只要有理想，有志气，努力学习，刻苦锻炼，自强自立，你的孩子一定能够成为人才。

魔力悄悄话

做人与心态构成人生的两面，不善做人者往往心态失常，心态失常者又会导致做人变形。有些人能够以积极的心态面对自己所接触的人事，给人退路等于给自己留出路，突破各种压力，打败自身固有的弱点，让自己的人生向敞亮的方向发展，这样就会越做越好。

自己的命运自己做主

生命当自主，一个永远受制于人、被人或物"奴役"的人，享受不到创造之果的甘甜。人的发现和创造，需要一种坦然的、平静的、自由自在的心理状态。自主是创新的激素、催化剂。人生的悲哀，莫过于别人替自己选择，结果成为被别人操纵的机器，从而失去自我。

我们要做自己命运的主宰。心理学家布伯曾用一则犹太牧师的故事阐述一个观点：凡失败者，皆不知自己为何；凡成功者，皆能非常清晰地认识他自己。失败者是一个无法对情境做出确定反应的人，而成功者，在人们眼中，必是一个确定可靠、值得信任、敏锐而实在的人。

成功者总是自主性极强的人，他们总是自己担负起生命的责任，而绝不会让别人驾驭自己。他们懂得必须坚持原则，同时也要有灵活运转的策略。他们善于把握时机，摸准"气候"，适时适度、有理有节。如有时需要"该出手时就出手"，积极奋进，有时则需稍敛锋芒，缩紧拳头，静观事态；有时需要针锋相对，有时又需要互助友爱；有时需要融入群体，有时又需要潜心独处；有时需要紧张工作，有时又需要放松休闲；有时需要坚决抗衡，有时又需要果断退兵；有时需：要陈述己见，有时又需要沉默以对；有时要善握良机，有时又需要静心守候。人生中，有许多既对立又统一的东西，能辩证待之，方能取得人生的主动权。

善于驾驭自我命运的人，是最幸福的人。在生活道路上，必须善于做出抉择：不要总是让别人推着走，不要总是听凭他人摆布，而要勇于驾驭自己的命运，调控自己的情感，做自我的主宰，做命运的主人。

要驾驭命运，从近处说，要自主地选择学校，选择书本，选择朋友，选择服饰；从远处看，则要不被种种因素制约，自主地择定自己的事业、爱情和崇高的精神追求。

你的一切成功，一切成就，完全取决于你自己。

你应该掌握前进的方向，把握住目标，让目标似灯塔在远处闪光；你得独立思考,独抒己见;你得有自己的主见,懂得自己解决自己的问题;你不应相信有什么救世主,不该信奉什么神仙和上帝,你的品格,你的作为,就是你自己的产物。

的确,人若失去自己,则是天下最大的不幸;而失去自主,则是人生最大的陷阱。赤橙黄绿青蓝紫,你应该有自己的一方天地和特有的色彩。相信自己创造自己,永远比证明自己重要得多。你无疑要在骚动的、多变的世界面前,打出"自己的牌",勇敢地亮出你自己。你该像星星、闪电,像出巢的飞鸟,果断地、毫不顾忌地向世人宣告并展示你的能力,你的风采,你的气度,你的才智。

自主之人,能傲立于世,能开拓自己的天地,得到他人的认同。勇于驾驭自己的命运,学会控制自己,规范自己的情感,善于分配好自己的精力,自主地对待求学、就业、择友,这是成功的要义。要克服依赖性,不要总是任人摆布自己的命运,让别人推着前行。

魔力悄悄话

良好的心态、习惯、性格是成功人生的三大法宝。一个人如何在激烈的竞争中生存立足,求得发展,与自身的性格、心态和习惯有着至关重要的联系。好心态让你拥有快乐幸福的人生,好习惯养成好性格,好性格带来好命运。

珍惜无人依赖的好机会

"让你依赖,让你靠",犹如伊甸园的蛇,总在你准备赤膊努力一番时,引诱你。它会对你说:"不用了,你根本不需要。看看,这么多的金钱,这么多好玩、好吃的东西,你享受都来不及呢!"这些话,足以抹杀你意欲前进的雄心和勇气,阻止你利用自身的资本去换取成功的快乐,让你日复一日原地踏步,死水一般停滞不前,以至于你到垂暮之年,终日为一生无为而悔恨不已。

殊不知,这种错误的依赖心理,还会剥夺你本身具有的独立的权利,使你依赖成性,靠拐杖行走而不想自己走;有依赖,就不再想独立,结果给自己的未来挖下失败的陷阱。

为什么?原因很简单,总依赖他人者,常缺乏成功者必须具有的独立性。事实也证明,独立性远胜于实力、资本以及亲友的扶助,具有不可估计的力量,它能使你有信心、有力量克服重重困难,成就一番事业。

记得有位作家说过这样一段话:"不要以为富家子弟得到了好的命运。大多数的纨绔子弟,自恃有金钱做后盾,不学无术,甘愿做金钱的奴隶,终难成功。另外,不独立的富家子弟,从来不是贫苦孩子的对手。因为贫苦的孩子,通常因贫苦的强烈刺激,具有很强的独立性和自主能力。"

的确如此,一个人一旦有了依赖的想法,自以为样样有人供给,就很难有勤勉努力的精神,更不要说什么独立自主、实现人生价值了。

环顾四周,相信你也不难发现,有许多无亲友扶助、无富足生活的人,获得了重要的地位,拥有了巨额资产,而他们的成功足以使那些家境富裕、关系无限却"默默无闻"的青年自惭形秽。

当然,外界的扶助、有所依靠,有时也是一种幸福。毕竟依赖他人,靠着家人来生活,跟随他人、靠着人家来策划,比自己动手动脑去谋生、策划来得轻松。不可否认的是,"依赖心理"带给人们的弊远大于利。

有俗语说:"一生依赖他人的人,只能算半个人。"

真可谓是一针见血的评论!

习惯——平生可惯闲憔悴

不难想象"半个人"，无论从智力还是体力上，都是敌不过"全人"的。

有一个人，遇上了难事，就去庙里求菩萨。她跪拜在菩萨像面前，忽然发现旁边跪着一个人，非常眼熟，正是菩萨。她不禁问："您这是……"菩萨笑着说："我这是自己求自己啊！"

求人不如求己。如果你不想失败，不想做他人耻笑的"半个人"，就打消你心中"依赖他人生存"的念头吧，给自己找个职业，让自己独立起来。只有这样，你才会真正地体会到自身价值，才会感到无比幸福。如果你不丢弃这种可怜的想法，即使你怀有雄心和自信力，也未必会发挥出所有的能力，获得更大的成功。

所以说，供给你金钱、让你依靠的人，并不是你的好朋友。唯有鼓励你独立的人，才是你真正的好朋友。

魔力悄悄话

改变自己一生的法则，往往不在于能力大小、环境好坏、机遇多少，而在于你以什么样的心态做人、做事，找准自己的强项与弱点，扬长避短，善待自己，就会找到自己脚下的出路。

摆脱你的依赖心理

人们的依赖心理,相互间的依赖关系,我们可以分为物质上的依赖和精神上的依赖。在日常生活中,最为常见的是物质上的依赖,多体现在家庭成员间。精神上的依赖则较难发现,多是依赖荣誉、地位、奖赏、羡慕等;也有的是依赖爱情、某种价值等。这些依赖过分强烈,就会影响一个人的成长、成熟,妨碍一个人的心理健康。

有些人并不是不知道自己的依赖性,也为此而苦恼,他们也羡慕独立的人。独立自主者一般都不过分屈从于周围的压力,也不受偶然因素的影响而违心行事,多是有自己的、在一定情况下的行事观念,并以此出发规定自己的行为举止。在成长过程中其自身的发展更多地依赖于自身的能力和潜力,而不是依赖社会、自然与人际环境。这才是一种健康、成熟的心理体现与行为表现。

要改变过分依赖别人的不健康的习惯和心理,可参考如下建议:

1. 承认依赖症

有些人有了对别人依赖过强的心理,这就是患上了依赖症。

患上依赖症后,会很难把握自己,不知道正常状态应该是怎样的。这时候可以对照以下几条标准,看看自己有没有类似的情况出现?

"不管怎样,这件事都要先做。"在我们的生活里,就有这样的一件事。

这件事会对身体或者经济带来不良影响;自己已经发现了它的坏影响,可就是没法放弃,总是重蹈覆辙。哪怕只有一条符合,我们就已经在依赖症的边缘了。如果你认识到这一点,就可以找到对症下药的解决办法。

2. 不自责

患上依赖症的人,有时会对自己苛求,希望自己能在拒绝依赖的过程中变得更坚强些,但这种过度的自我控制有时反而会取得适得其反的效果,有的甚至越陷越深。如果有什么事情是自己想去做的,但是实际实践过程中却没能办到,这也没什么关系。不要责怪自己,要学会经常自我表扬。

3.寻找导致依赖的原因

如果是家庭原因而不是我们自己的懒惰所造成的,那么向家人正式宣布,我们要改变自己的依赖行为,希望他们能够理解并支持我们,我们的家人一定会欣喜我们的改变。他们不会再事事替我们操心了,有些事情我们就必须自己去面对了。如果是我们的懒惰所造成的,那么我们可要认识到,懒惰将使我们一事无成。现在我们有父母可依赖,那么以后呢? 所以我们必须不怕吃苦,改掉懒惰不爱动手的恶习。

4.要充分认识到依赖心理的危害

要纠正平时养成的习惯,提高自己的独立能力,不要什么事情都指望别人,遇到问题要做出属于自己的选择和判断,加强自主性和创造性。学会独立地思考问题,独立的人格要求独立的思维能力。要在生活中树立行动的勇气,恢复自信心。自己能做的事一定要自己做,自己没做过的事要学着做。

5.寻找他人帮助

一个人闷闷不乐,找不到解决问题的办法的时候,依赖症往往乘虚而入。要是有一个能无话不谈的朋友,困扰自己的问题就能迎刃而解。

要想从依赖症中解脱出来,单靠一个人是不够的,个人的过度努力反而会产生新的压力。有的患者原先依赖症的情况确实有所好转,却又很快陷入了努力过程中产生的新依赖症中。如果向心理医生寻求帮助,医生会从谈话中发现患者本人可能从未察觉的一些情况。寻求帮助的对象是不是心理医生并不重要,重要的是不要只靠自己。

6.独立自主解决困难

不要一遇到困难就请求别人帮忙,要自己去解决。失败了,作为教训,以后就知道正确的该如何做。独立自主往往是在失败了第一次之后学来的。将经验积攒下来,我们就有了对付生活难题的把握,而不用去依赖别人,也不会产生无助感。

7.将别人的思想、评价与自我价值截然分开

别人的评价,只能代表别人对事物的看法,并不是真理,神圣不可改变,我们认为可以听的就听,认为可以不听的就不听。

8.不理睬那些企图支配我们的人

不必要依照别人的感情来确定自己的价值,也不必解释和反驳。因为我们不可能向这些人解释清楚,相反还会纠缠不清。

9. 学会拒绝

患上依赖症的人往往特别在意别人对自己的评价,有时不得不违反自己的意愿,日久就造成了心理压力。学会拒绝会有所帮助,比如说,别人邀请自己出去玩,实际上并不想去的时候,可以随口敷衍说自己发烧了等等。试试看撒这种无伤大雅的谎,它会帮助我们掌握属于自己的时间。

10. 不迷信权威,不盲目崇拜

迷信权威,盲目地崇拜,是缺乏自信的表现,权威也是从不是权威开始的。过分迷信权威的评判很容易丧失自信心。

11. 培养忍受孤独的能力

一个人待着,并不等于被别人孤立。学会享受一个人的时光,不依赖别人,也不依赖某种东西或行为。独处的时间能够帮助我们客观正确地认识自己,也是形成自己独立个性所必需的,这是改善依赖症的关键一步。

魔力悄悄话

有这样一句话:今日的你是你过去习惯的结果;今日的习惯,将是你明日的命运。改变所有让你不快乐/不成功的习惯模式,你的命运将改变,习惯领域越大,生命将越自由、充满活力,成就也会越大。

培养孩子的独立性

独立性是现代化人格素质的重要方面,其内涵是:在生活上能自理,在学习工作中能独立完成各项任务,碰到问题和困难能独立自主地做出决策并付诸实施,不轻易因他人的暗示、意见而改变主意。

很多父母反映孩子的生活自理能力差,过分依赖父母,不少孩子上高中了还没有洗过衣服。缺乏独立性对孩子的成长是极为不利的,父母应从小注意培养孩子的独立性。

缪茵,是一位旅美的少年钢琴家。1985 年底出生于中国湖南省长沙市。4 岁开始学习钢琴,6 岁随母亲到美国。从 6 岁起,连续 7 年 7 次获得各类国际钢琴比赛冠军。

1992 年,6 岁时,获美国阿拉巴马州音乐协会钢琴比赛少儿组冠军,并获美国音乐协会颁发的优胜金质奖牌;同年,获美国芝加哥"第 8 届国际钢琴比赛"少年组冠军。

1995 年,9 岁时,获美国"第 15 届巴托克国际钢琴比赛"少年组冠军,并获唯一的杰出表演奖;

1996 年,10 岁时,获美国曼哈顿音乐学院大学预科钢琴协奏曲比赛第一名;

1997 年,11 岁时,获意大利"第一届国际音乐节及竞赛"18 岁以下钢琴比赛第一名;

1998 年,12 岁时,获美国"第 18 届巴托克国际钢琴比赛"青年组冠军;

1999 年,13 岁时,获"美国 1999 年世界钢琴比赛"钢琴协奏曲第一名,钢琴独奏曲第二名。

在缪茵上三年级之前,早上都是妈妈周传鸿给她穿衣、梳头、喂饭,到了三年级时,就要求她自己一个人做,什么也不管,上学也是一个人去。小缪茵一开始极不适应,在上学的路上一边哭一边走,有时出门还忘了穿鞋,而周传鸿却不为所动,决意培养缪茵独立性。

在她们母女俩回国探亲的时候,周传鸿的姐姐看到小外甥女这样懂事,直说妹妹命好,有个乖女儿,因为她自己的孩子常常顶撞父母,而且非常凶。周传鸿却不以为然,说:"并不是孩子天生会这样,而是教育上没注意。"她说,自己给缪茵洗头发,女儿总要说"谢谢";让她端水,女儿会说"请"。因为她明白妈妈为她提供的服务从来不是应该的、理所当然的,而是妈妈的责任。

那么,如何培养孩子的独立性呢?

1. 父母要明确自己的职责

要让孩子接受自己作为一个人的价值,让孩子感受到父母对他的看法:爱和尊重。

父母在繁忙的工作、家务中,应挤出时间陪他听故事、打球、做游戏、放风筝等;在处理家事,尤其是有关他的事情时,父母应与孩子讨论,征求孩子的意见,或直接由孩子决定。

2. 鼓励孩子爱劳动

让他们从事力所能及的家务劳动,孩子自己的事情要自己做,父母不要包办代替。自幼培养孩子自己洗手绢,自己穿衣系鞋带,自己整理衣物,用过的东西要放回原处并码放整齐。

孩子大点了,可以让他帮助父母扫地、洗碗、擦桌子等,活儿不一定多,但要天天坚持。这样可以培养孩子的责任感、服务意识和动手的好习惯。自然,孩子的自理能力也会得到提高。

父母应根据孩子的年龄,有条不紊地交付孩子一些力所能及的事情,鼓励他们不断负起适当的责任来。当孩子很小的时候,就让他单独睡觉、自己吃饭,要求他自己的玩具自己收拾、整理。孩子上学后,则跟他指出:你从幼儿园到小学,长大了,是学生了,应该更懂事,要承担更多的责任。父母不仅要他自己的事情努力自己做好,而且还要为家里做一些力所能及的事情,如扫地、叠衣服、择菜、取牛奶、送奶瓶、倒垃圾、盛饭等。只有从一点一滴的小事做起,才能养成独立的行为习惯,才能在长大之后,独立自主地生活、工作,成为合格的社会成员。

3. 父母要支持孩子正当的活动

有关孩子和家庭的一些事情,要和孩子共同商定,而不是一切等着父母安排。让孩子逐渐养成自己的事自己做的习惯。孩子都渴望能像父母那样,处理自己的事务,管理好自己。因此,采取民主的家庭气氛有利于孩子独立性的培养。如,当孩子按自己的方式布置自己的房间,和同学一起踢球,参加科技小组等时,其主动性和独立性也能加强,如果父母过分担心和怀疑孩子的能力,禁止或限制孩子的这些活动,就会打击孩子独立活动的积极性。

魔力悄悄话

　　成功有时候也并非想象中的那么困难,每天都养成一个好习惯,并坚持下去,也许成功就指日可待了。每天养成一个好习惯很容易,难就难在要坚持下去。这是信念和毅力的结合,所以成功的人那么少,也就不足为奇了。

自主自强从小培养

　　熟悉中国股市的人,尤其是投身于中国股市的人,很少有人不知道安妮这个名字的。从股评家到投资家,安妮在十年间走出了一条属于自己的成功之路。

　　安妮是一个很专业的人,同时安妮也是一位与众不同的母亲。安妮三十岁那年才当上母亲,她这个母亲当得真有点惊心动魄。儿子好不容易出生了,初为人母的安妮却因大出血又一次上了手术台。儿子一出生就体弱多病,一次又一次地住院抢救。生下来半年了,依然终夜啼哭,瘦得皮包骨头,连安妮的母亲都失去信心了。老人难以自控地反复说着一句话:"这孩子养不活了! 这孩子养不活了!"可安妮决不轻言放弃,随即毅然决然地请了长假,全心全意地抚养孩子。白天好说,难的是晚上,孩子一生病放到床上就拼命地哭,安妮和丈夫只能彻夜不眠抱着他在屋子里来回踱步。前半夜六点到十二点安妮负责,后半夜十二点到凌晨六点丈夫负责,这种轮流值班的办法整整坚持了一年,由此可见父爱与母爱的力量。病弱的儿子终于转危为安了,安妮的心中有着说不出的高兴,可理智告诉她:父母所有的努力都应该有着一个明确的方向,那就是把孩子培养成为一个优秀的人。

　　安妮和丈夫约法三章,让孩子从小就接受一种发达国家的开放式的教育,决不像大多数的中国父母一样把孩子的一切全都包下来。儿子进幼儿园时,安妮的事业再度起步,整天忙得不可开交。身为作家的丈夫又在北大进修。儿子下午五点离园回家,家里天天是铁将军把门,妈妈在哪儿都不知道。可妈妈早就留下指示了:你自己想办法到任何可以去的地方去,无论是吃饭还是求宿,等妈妈回来后会一一去还情的。

　　江南的天气常常会莫名其妙地下起雨来,小小读书郎也真能自己想办法,下小雨时,他会赤着脚自己跑,下大雨时,他会躲在别人的伞底下。安妮从来不辅导儿子的作业。小时候儿子做功课时遇到困难,她让他自己去问老师,去问同学,她对儿子说:"你应该从小学会怎么向人学习,怎么向人求助,这也是一种很重要的生存能力。"安妮对儿子的要求也有点特别,她自己从小到大学习永远是班上第一名,可偏偏对儿子说:"不用费劲费力考100分,有60分就可以了,但在回答问题时必须有点创新精神,不能人云亦云。"

在儿子的各门功课中,安妮唯一关心的是他的作文,问她缘由,安妮说得很实在:"我和我丈夫都是搞文学出身,我们家可不能出一个文理不通的人。还有,文为心声吗,从中还可以捕捉到一点孩子的真实思想,否则怎么能和他有效地沟通呢?

在安妮的眼中,儿子是这样一个人:按照目前流行的好学生的标准,儿子只能算得上一般,但在同学中间,儿子绝对是一个呼风唤雨的中心人物,这种状态比较符合安妮的心愿。

有一天,儿子一本正经地对安妮说:"妈妈,你知道吗,我曾经想过要自杀。"安妮听了大惊失色:"现在还有这个想法吗?"儿子轻松地笑了:"当我能坦白和你这样说时,就证明我早已过了这一关了。"这次对话对安妮的触动极大,她开始反省起自己的教育方法来:是不是过于理性了? 是不是有点失之偏颇?

正当她陷入自责时无意中看到了儿子的一篇作文,内容正好是关于"母爱"的,安妮原以为儿子会在作文中有所抱怨,没想到儿子却在文中写道:"在我年幼时,妈妈为了养育我忍痛放弃了自己的事业,如今妈妈为了能让我受最好的教育又毅然开始了二度创业,我觉得我的妈妈是所有的妈妈中最不屈不挠的人。"

安妮释然了。安妮的儿子薛非,这个少年留学生如今正在英国求学。远涉重洋留学也是父母和孩子共同商议后的决定。父母出钱,孩子出力,从申请到下发签证居然是薛非单枪匹马自己一手搞定。薛非说:"妈妈从小对我的教育主要是精神上的,其他方面她尽可能地让我独立,所以我现在出国后适应起来并不困难。"

那么,如何培养孩子的自主自强的意识?

1. 要尊重孩子

父母要把孩子当作一个独立的人来看,了解孩子,观察他的愿望、兴趣,不要因为孩子小能力弱,就包办代替。

2. 让孩子多参加集体活动

可组织孩子开展自我服务、为集体服务的劳动等，在这些活动中，孩子行为的坚持性、克服困难的能力、耐心等可得到培养。久而久之，可磨炼出较高的意志水平，养成独立的性格。

3. 适当让孩子参与家务劳动

让孩子参与家庭事务，承担一部分家庭责任，对孩子的事情不要大包大揽。这可以从很多小事做起，如让孩子自己收拾书包、整理房间等。

魔力悄悄话

"一个人要有伟大的成就，必须天天有些小成就。"穷人和富人不仅仅是金钱上的差别。

第六章
善于创造，人生更新颖

一位学者指出：人人都是创造之人。

发明创造不仅是大科学家和少数天才的专利。也就是说，你不一定非要成为爱迪生或瓦特，但可以提出有创意的办法，可以在改进或革新日常生活用品中做出成绩，谁能说这不是发明创造呢？重要的是青少年的小发明小创造，不仅仅在于其本身，它的深远意义在于培养创造性思维和动手能力，给未来从事大的发明、高科技研究打下基础。因为小创造小发明是引发人的才智的一把钥匙，甚至能导致才智的全面升华。

创造，人人都可以

所谓创造，就是运用个人的聪明才智产出独特而有价值的产品。这种产品，可以是方法、理论、学说，也可以是物品、作品等。

所谓创造力，是人们运用已有的信息，生产出某种新颖、独特、有社会或个人价值产品的能力。创造力的核心成分是创造性思维，有时还包括创造性想象。

一位学者指出：人人都是创造之人。发明创造不仅是大科学家和少数天才的专利。也就是说，你不一定非要成为爱迪生或瓦特，但可以提出有创意的办法，可以在改进或革新日常生活用品中做出成绩，谁能说这不是发明创造呢？

有的人还可能认为，青少年即使能搞创造发明，那也是学习成绩优秀、智力超群的人才敢于问津的；智力平平，连学习成绩搞上去都很困难的人，又怎么能有创造发明呢？其实这种想法是不对的，不要自己把自己埋没起来。

诚然，学习成绩优异，说明文化知识基础掌握得比较好，但知识并不能代替创造。如果知识学得很死，埋头抠书本，盲目抓分数，不会灵活运用知识，这样的人不可能有所创造。

反之，成绩差的同学，并不说明其他都差，"尺有所短，寸有所长"。每个同学都有自己的短处，也有长处，长处就是"黄金点"，发挥好就能创造。

心理学研究认为：一般而言，大脑的先天禀赋、发展潜力都是基本相同的，有差别也并不大，除了白痴及某些病患者，所有的人都具有创造潜力，都有完成某种发明的可能。只不过一般人的潜在创造力没有开发和利用起来，而发明者的创造力得到了开发和利用而已。大家都知道，爱迪生小时候成绩并不好，钱钟书的数学成绩也曾经很差。

人脑是用进废退的。越用越灵，越有创造力；越不用越沉睡，越迟钝笨拙。

青少年的大脑的创造力是有待开发的矿藏和宝库,同学们应该珍惜、开发和利用它。

有的同学又会说,环境太平凡了,生活太单调了,不可能有什么创造,这也是模糊认识。其实不是平凡中、单调中没有创造,而是缺少发现,缺少发明的意识。

一位教育专家指出:"什么叫创造,我想只要有点新意思、新思想、新观念、新设计、新意图、新做法、新方法就可称得上创造。我们要把创造的范围看得广一点,不要把它看得太神秘,非要新的科学理论产生才叫创造,那就高不可攀了。创造可以从低级到高级,知识少,能力不强的幼儿、少年也可以创造,当然那是低级的。很多科学、技术、文化、艺术上的创造需要很多的知识,很强的能力,那是高级的;没有低级的创造习惯,也就不能发展高级的创造。"

也就是说,日常生活中总会有不合理、不方便、不习惯、不顺手、不科学的用具、用品和方法,把它革新或改进一下,就是创造发明。如果我们从这个角度来想问题,就会看到,生活处处有创造,发明就在我们身边。只要努力,人人都可以成为创造发明者。

魔力悄悄话

有人说,上帝对人类最公平的两件事之一,就是每个人都是一天只有24小时。记得小时候曾经念过"一寸光阴一寸金,寸金难买寸光阴"的话,虽然我们并不知道所谓"一寸光阴"到底有多长,但是既然光阴与黄金相比,其价值昂贵也就可知了。

小小创意不可小视

所谓的创造力，即能想出新的方法、点子来处理一切我们所面对的问题的能力。

创造力和创造性思考，在以往总被认为只有从事科学、技术、艺术等专业工作的人才具有。的确，科学、艺术等工作是非常需要创造力的，然而创造性思考，不限于某种特定工作范围，而且也不只是从事某种特定工作的人才具有。

下面是几个关于创意的小故事，它们的主人公都是同你我一样的普通人。这些发明，现在已成为人类生活的一部分，并为它们的发明者带来了巨大的收益。看过这些故事后请想一想，是否你还是认为自己毫无创造的能力呢？

"瞥"出来的邮票打孔机

1848 年的一天，英国发明家亨利·阿察尔在一家小酒店喝酒，偶然看见一位客人正拿出一枚邮票想贴到信封上寄走。可是，他摸遍了衣服所有的口袋，发现忘了带剪刀。犹豫片刻，他取下了别在西服领带上的一枚别针，在各邮票连接处刺了一行行小孔，很整齐地把邮票扯开了。这一幕深深地印在亨利·阿察尔那勤于思考的脑海里。

时隔不久，一种新的机器——邮票打孔机，在亨利·阿察尔的实验室里制造出来了。从此以后，人们可以很方便地把邮票分开，让带着整齐齿纹的邮票走遍世界的每个角落。

6 岁的老板

麦克·莱特是吉利卡片公司的老板，也是加拿大最年轻的企业家之一。他 6 岁时，某次参观完博物馆之后，就开始打算，看自己能不能画几幅画来卖钱。他母亲建议他把画印在卡片上出售。由于他有一些与众不同的构想，所以很快就走上了成功之路。

莱特在母亲的陪伴下，挨家挨户去敲门，言简意赅地说出要点："嗨！我是麦克·莱特，我只打扰一下，我画了一些卡片，请买几张好吗？这里有很多张，请挑选你喜欢的，随便给多少钱都行。"他的卡片是手工绘在粉红色、绿色或白色的纸片上，上面有一年四季的风景。莱特每周工作六七个小时，平均每张卖7毛钱，一小时可以卖25张。

不久，莱特就发现自己需要帮手，他立刻请了10位员工，大都是小画家。他付给他们的费用是每张原作2角5分。后来由于把业务扩展到邮购，所以莱特越来越忙碌。第一年做生意，莱特已经成了媒体上的名人，他上过许多著名的新闻媒体，他的名字几乎是家喻户晓。

莱特有别出心裁的点子，不在乎自己的年龄，再加上母亲的鼓励，小小年纪就有了自己的事业。

你是否也有别具创意的好点子？果真如此，你还等什么呢？

就像上面几个例子，好点子不介意主人的年龄、性别、职业，也不在乎主人怎样运用它，只要勇于将你的新点子付诸实施，你就一定会将其变成现实！

世界上许多畅销的品牌都因一个小小的创意而产生，如果你脑中的一个闪念被忽略，也许就与成功失之交臂了，仔细想一想这些例子，你就不应该怀疑自己了。

魔力悄悄话

优秀是一种习惯。这句话是古希腊哲学家亚里士多德说的。如果说优秀是一种习惯，那么懒惰也是一种习惯。人出生的时候，除了脾气会因为天性而有所不同，其他的东西基本都是后天形成的，是家庭影响和教育的结果。所以，我们的一言一行都是日积月累养成的习惯。

创造不止一种

一种思想历久不衰并不是好事，因为思想本身最终总是要变得陈腐的。人是社会的，总是不断把社会推向进步和光明。

著名诗人爱默生说了一句哲理性的名言："一个人的样子就是他整天所想的那个样子，他不可能是别种样子！"也就是说，一个人的思想决定了他的长相，决定了他的一切。只要我们知道他在想什么，就知道他是怎样的一个人。

我们的生存方式，完全决定于我们的思考方式。如果我们想的都是伤感的事情，我们就会悲伤；如果我们想到一些可怕的情况，我们就会害怕；如果我们想的都是失败，我们就会失败；如果我们沉浸在自怜里，大家都会有意躲开我们，为了改变我们的生存方式，增加我们做事的资本，我们就要换一种方式去创造，去变革。

在 IBM 管理人员的桌上，都摆着一块金属板，上面写着"创造"这个词，这二字箴言，是 IBM 的创始人汤姆·沃特森创造的。1911 年 12 月，沃特森还在担任国际收银公司销售部门的高级主管。有一天，天气十分寒冷，沃特森主持了一项销售会议，会议进行到了下午，气氛沉闷，无人发言，大家逐渐显得焦躁不安，有人甚至在闭目养神。

看着大家一副无精打采的样子，沃特森在黑板上写下了创造两个字，然后对大家说："我们共同的缺点是，对每一问题都没有去充分地思考，别忘了，我们都是靠动脑筋赚得薪水的。"

在场的国际收银公司的总裁巴达逊对"创造"大为赞赏，当天，这个词就成为国际收银公司的座右铭。3 年后，它随着沃特森的离职，变成了 IBM 的箴言。

"创造"是沃特森从多年的推销员经验中孕育出来的。他 1895 年进入国际收银公司当推销员，他从公司的"推销手册"中学到许多推销的技巧，但理论与实践总有一段距离,所以他的业绩很不理想。同事告诉他,推销不需要特别的才干,只要用脚去跑,用嘴去说就行了。沃特森照做了,还是到处碰壁,业绩很差。后来,他从困厄中慢慢体会出,推销除了用脚步与嘴巴之外,还得靠大脑。想通了这一点后,他的业绩大增。3年后,他成为业绩最好的推销员。这就是"创造"二字箴言的由来。

事业、工作是获得幸福的源泉,但是,世界上的一切事物都是在不断发展的,因此,事业要获得新的成就,人要得到新的幸福,必须依靠人的创造精神。创造活动是人类社会发展的福音,创造使人类更添光彩,使人生更具有价值,它是人类获得新的幸福的永恒动力。

有些人总是觉得创造神秘,似乎它只有极少数人才能办到。其实,创造有大有小,内容和形式可以各不相同。在当今,创造活动已经不仅是科学家、发明家的事,它已经深入到普通人的生活中,很多人都可以进行创造性的活动,生活、工作的各个方面都可以迸发出创造的火花。人们在事业上新的追求、新的理想、新的目标会不断产生,在为新的事业创造奋斗中,实现了这些新的追求、理想、目标,就会产生新的幸福。创造是永无止境的,人类的幸福是没有终点的,人的幸福的实现是一个不断发展、不断创造的过程。

如何提高你的创造力

印度一位学者曾写过一本讲述创造学的书,名为《第四只眼》。他说,人有两只眼,神有三只眼,如果通过创造力开发,那么人就会比神还聪明,人就会有第四只眼。

创造力人人都有,人和人的差异在于有的人注重创造力的开发,因而显得创造力强些;有的人未和创造结缘,因而显得创造力弱一些。

安静

有人出了个题目给两位画家,题目是"安静",要他们各画一张表达同一意思的画。

一人画了一个湖,湖面平静,好像一面镜子,另外还画了些远山和湖边的花草,让它们倒映在水面,也看得清清楚楚。

另一人则画了一个激流直泻的瀑布，旁边有一棵小树，树上有一根小枝，枝上有一个鸟巢，巢里有一只小鸟，那只小鸟正在窝里睡觉。这个画家是真正能了解安静的意义，前面一个人所画的湖，不过是一池死水罢了。

骆驼群

有一位画师收了几个徒弟，为了测试徒弟们的天赋，画师让他们用最简练的笔墨画出最多的骆驼。结果当答卷交上来时，师傅发现，几个徒弟的画法有很大的差异。

几个大徒弟在纸上画了大量的圆点，用圆点表示骆驼，但这些画都被画师认为缺乏创意。因为这几幅画的思路是一样的，即尽可能画更多的骆驼，而纸上无论画多少，都是有限的。只有小徒弟的画最有独创性：他画了一条弯弯的曲线表示山峰和山谷，画上有一只骆驼从山谷中走出来，另一只骆驼只露出一个头和半截脖子。这幅画的创意在于，谁也不知会从山谷里走出多少只骆驼，或许就是这一二头，或许三四头，或许是一个庞大的骆驼群。

给国王画像

以前有一位国王，他缺手断腿，但好大喜功。国王很想将他那副尊容画下来，留给后代子民瞻仰，就请来全国最好的画家。那个画家的确是第一流的，画得很逼真，栩栩如生，很传神，但是国王看了之后很难过，说："我这么一副残缺相，怎么传得下去！"就把画家给杀了。

国王又请来第二位画家，因有前车之鉴，第二位画家不敢据实作画，就把国王画得完美无缺，把缺的手补上去，把断的腿补上去，国王看了之后更难过，说："这个不是我，你在讽刺我。"又把他给杀了。

后来又请来第三个画家，第三个画家怎么办呢？写实派的给杀了，完美派的又给杀了，想了好久，急中生智，画国王单腿跪下闭住一只眼瞄准射击，把国王的优点全部暴露，把他的缺点全部掩盖。这幅画国王看了之后十分满意。

上面是几则关于创造力的故事，从中看出所谓创造性思考，简单说来即是大部分人想不到的构想，是首创前所未有的事物的意思，"创者，始造之也"。创造过程的实质是建立某种新东西,而不是原来某种东西的再现。这就是说,创造性就是非重复性,创造意味着发现、发明、革新,它标志着突破和前进。

如何提高你的创造力? 请你利用下面3个方法来发展它:

1. 随时记下你的创意

好记性不如淡墨水。我们每天都有许多新点子,却因为没有立刻写下来而消失了,一想到什么,就马上写下来。有丰富的创造性心灵的人都知道,创意可能随时翩然而至,不要让它溜走,记下来。

2. 定期复习你的创意

把创意装进档案中,这个档案可能是个柜子、抽屉、鞋盒。你可以定期检查自己的档案,从中寻找灵感。

3. 培养完善你的创意

要增加创意的深度和范围,把相关的事物联合起来,从各种角度去研究。时机一成熟,就把它用到生活和工作当中,以便有所改进。

魔力悄悄话

我们有的人形成了很好的习惯,有的人形成了很坏的习惯。所以我们从现在起就要把优秀变成一种习惯,使我们的优秀行为习以为常,变成我们的第二天性。让我们习惯性地去创造性思考,习惯性地去认真做事情,习惯性地对别人友好,习惯性地欣赏大自然。

赋予大脑充分的想象力

想象力是创新的动力，能让你在现实的基础上创造未来。

想象力可以分为两种形式：综合性的和创造性的。综合性想象力是以一种新方法整合一些已经被认同的观念、概念或事实，委以新的用途。

爱迪生发明灯泡就是基于已证实的事实开始的。当时已经发现，一条金属线接电之后会发热，最后还会发光，但问题在于强烈的热度很快就把金属丝烧断了。爱迪生考虑是否能够既让金属丝发光又不让它烧断呢？他想到木炭的制造方法，于是据此原理把金属丝放在一个瓶子里，并抽出瓶中大部分的空气。利用这种方法，他发明了第一个寿命长达八个半小时的灯泡。

创造性想象力是把潜意识作为它的基地，在综合性想象力的引导下，把一些零散的新奇想法组合成新的概念，并将其转化为事实。

美国加州海岸的一个城市里，所有适合建筑的土地都已被开发完了，只有城市两边的土地似乎一无是处，它的一边是陡峭的小山，另一边又太低，每天都会被倒流的海水淹没一次。

一位具有想象力的人来到这座城市，他一眼就看出了这些土地的价值，他用很低的价格买下了这两块地。

他用几吨炸药把那些陡峭的小山炸成松土，再用推土机推平，原来的山坡变成了很好的建筑用地。接着，他雇了一些车子，把多余的泥土倒在那片低洼地，让它超过海平线，也使它们变成了很好的建筑用地。最后，他利用这两块土地赚了不少钱。

人们往往是现实的奴隶，整天忙于应付现实世界的一切，而将想象的世界抛诸脑后。事实上，只要行动，想象世界会战胜现实世界。

有一个真实的例子。一位喜欢读武侠小说的青年，常常想象自己像小说里的侠客身手不凡。一天,一个歹徒拦住了他的去路,他被逼进了狭窄的巷道,如不反抗,就有生命危险。危急时刻,他想起了小说中的一个打斗动作,于是,他按照那个动作扶住墙,两腿向上,踢开歹徒,然后来了一个360°大翻身,跃入过道,脱离了危险。后来他说:"我当时那样想就那样做了。平时肯定做不到。"

想象力会像一台发动机,引发你的创新能力,产生令你吃惊的效果。

以下是一组想象力训练题,你能跟着一起做吗?

1. 用简单的线条画一幅能表达"激动"这个词的图画;

2. 用简单的线条画一幅能表达"阴险"这个词的图画;

3. 用简单的线条画一幅能表达"异想天开"这个词的图画;

4. 用简单的线条画一幅能表达"莫名其妙"这个词的图画。

魔力悄悄话

我们知道,行胜于言,行动决定一切。只是,再开始行动之前,请先仔细的考虑一下,自己是否有一颗非要去行动、非要去改变,非要去坚持的心。也许,现在,你会回答:"有!",也请你不要着急。把你渴望坚持的心,写下来,写在一张纸上,然后随意的放在一个不至于丢掉找不到的地方,三天之后,再谈什么坚持。

第七章

会合作人生更顺畅

《学记》上讲"独学而无友,则孤陋而寡闻"在日常生活中, 有很多事情只凭一个人的力量是不能完成的,这就需要与别人合作。

有时帮助别人就是壮大自己,帮助别人也就是帮助自己,别人得到的并非是我们自己失去的。在一些人的固有的思维模式中,一直认为要帮助别人自己就要有所牺牲。

别人得到了自己就一定会失去。比如我们帮助别人提了东西,我们就可能耗费了自己的体力,耽误了自己的时间。

善于合作生活更愉悦

合群能使自我的知识、阅历和能力快速增长。**你有一个苹果,我有一个苹果,交换一下,各自还是只有一个苹果;你有一个思想,我有一个思想,交换一下,各自将有两个思想。**由此类推,人与人的交流结果,各自的思想将以几何级增长。

美国著名的国际时事分析专栏作家李普曼先生,在利用群体的力量方面可谓聪明之至。今天,全世界几乎没有一个新闻工作者不知道李普曼的。

那时,李普曼老了,少有时间和精力去"周游列国",这对时事分析专栏的写作来说是致命的——因为没有第一手资料,但李普曼可有高招。比如,专栏即将要分析非洲某个国家的局势,李普曼先生掏出"备忘录",了解清楚哪位年轻力壮的记者到过这个国家并进行过详细采访,然后庄重地向这个记者发出请束——共进晚餐。当然,晚餐的主要内容除了吃饭,还有更重要的内容——谈论那个国家的局势。在这种情形下,没有哪个记者不会兴奋得和盘托出。

晚餐毕,李普曼先生便开始运用其深厚的理论素养,结合刚刚从记者那里"得"来的实际情况,潇洒地写起时事分析专栏来。

也许,有人会指责李普曼先生的行为是"智力剥削",但不少记者宁愿创造机会受这样的"剥削"。因为在受这种"剥削"的同时,他们也获得了特别珍贵的补偿——知名度大增。他们之所以能愉快地合作在一起,大抵基于相互需要。

成功者的道路有千千万万,但总有一些共同之处。在"杰出青年的童年与教育"调查中,我们也能够看到,杰出青年大多数是善于与他人团结协作的人,团结协作是许多成功人士的共同特性。

合作是一件快乐的事情,有些事情人们只有互相合作才能做成,不合作他不能得,我们也不能得。美国加利福尼亚大学副教授查尔斯·卡费尔德对美国1500名取得了杰出成就的人物进行了调查和研究,发现这些有杰出成就者有一些共同的特点,其中之一就是与自己而不是与他人竞争。他们更注意的是如何提高自己的能力,而不是考虑怎样击败竞争者。事实上,对竞争者的能力(可能是优势)的担心,往往导致自己击败自己。多数成功者关心的是按照他们自己的标准尽力工作,如果他们的眼睛只盯着竞争者,那就不一定取得好成绩。

帮助别人就是壮大自己,帮助别人也就是帮助自己,别人得到的并非是我们自己失去的。在一些人的固有的思维模式中,一直认为要帮助别人自己就要有所牺牲;别人得到了自己就一定会失去。比如我们帮助别人提了东西,我们就可能耗费了自己的体力,耽误了自己的时间。

其实很多时候帮助别人,并不就意味着自己吃亏。如果我们帮助其他人获得他们需要的东西,我们也会因此而得到自己想要的东西,而且我们帮助的人越多,得到的也越多。

生活就像山谷回声,我们付出什么,就得到什么;我们耕种什么,就收获什么。

我们在个人生活和职业生活中的成功,取决于我们与他人合作得如何。养成善于合作的习惯,我们的事业会更加成功,生活会更加愉快。

魔力悄悄话

一只木桶盛水的多少,主要取决于最短的木板,而不取决于最长的木板。人的失败往往由于自己的某种缺陷所致。那么,好的习惯就是人们走向成功的钥匙,而坏的习惯是通向失败的敞开的门。健康人生的基础是良好行为习惯的培养,不管是美好的品德,还是较强的学习能力,一切都基于良好习惯的培养。

会合作让你生存的更好

每个人的能力总是有限的。有些人精力旺盛，认为没有自己做不到的事。其实，精力再充沛，个人的能力还是有一个限度的。超过这个限度，就是力所不能及的，也就是你的短处了。**每个人都有自己的长处，同时也有自己的不足，这就要与他人合作，用他人之长补己之短，养成合作的习惯。**

人的性格和能力是有差别的，这些差别是长期养成的，不能说哪一种类型就一定好，哪一种类型就一定坏。正是这些不同，每个人所能从事的工作性质就不一样。要想有所作为，首先得明白自己的性格和能力，然后选定一个适合你自己的工作目标。在与人合作时，也应注意分析别人的性格特点，尽可能使每个人都能找到适合于自己的工作。也就是他能弥补你的短处，你能补救他的不足。

你最好能从事与自己个性相契合的工作，这样就一定会全心全意做好这项工作。世界上最大的悲剧，也是最大的浪费就是，大多数人从事不适合其个性的工作。过去的社会体制限制着个人，使得他们没有选择的权利。现在的社会，选择余地越来越大，好多人却仍然只是选择或从事从金钱观点看来最为有利可图的事业或工作，根本没有去考虑自己的个性和能力。现在，社会为人们提供了便利的条件和宽松的发展环境，你可以自由择业，这样的机会你一定要把握好，才不会在将来回首往事时感到遗憾。

只有充分发挥自身优势并能利用他人的优势来弥补自己不足的人，才会在今天的社会中取得成就。

合作已成为人类生存的手段

我们正处于一个合作的时代，合作已成为人类生存的手段。因为科学知识向纵深方向发展，社会分工越来越精细，人们不可能再成为百科全书式的人物。每个人都要借助他人的智慧完成自己人生的超越,于是这个世界充满了竞争与挑战,也充满了合作与快乐。

合作不仅使科学王国不再壁垒森严,同时也改写了世界的经济疆界。在21世纪的今天,世界范围内的科学与技术的合作早已超越了国界线,许多大公司开始做出跨国性联姻,财力物力与人力的重新组合,导致了生产效率提高和社会物质财富总量的增加,必将使科学技术的成果在更广泛的范围内造福于人类。

联合国教科文组织"国际21世纪教育委员会"报告(《学习:内在的财富》)指出:"学会共处"是对现代人的最基本的要求之一。

学会共处将成为21世纪全球化重要特征,成为人与人之间、民族与民族之间、国家与国家之间互相依存程度越来越高的时代提出的一个十分重要的教育命题。它的原意是学会共同生活,学会与他人共同工作。学会共处,有着同样深刻的内涵。

1.学会共处,首先要了解自身,发现他人,尊重他人。教育的任务之一就是要使学生了解人类本身的多样性、共同性及相互之间的依赖性。了解自己是认识他人的起点和基础,所谓"设身处地",就是讲的"由己及人""己所不欲,勿施于人"。

2.学会共处,就要学会关心,学会分享,学会合作。仁爱,从来就是中华民族的传统道德准则;"四海之内皆兄弟",一直是相传千年的社会理念;"互相关心,互相爱护,互相帮助",更成为我国多民族社会主义大家庭的时代风尚。市场经济条件下的激烈竞争无疑给传统的群体主义、社会至上的价值观念带来了负面的影响,我们一方面要倡导在法律规范内的公平竞争,利用其有利于发挥个人首创精神和提高经济效益的积极方面,另一方面更要发扬和倡导先人后己、毫不利己、互相合作的集体主义精神。

3.学会共处,就要学会平等对话,互相交流。平等对话是互相尊重的体现,相互交流是彼此了解的前提,而这正是人际、国际和谐共处的基础。家庭之内,父母和子女之间如朋友般的思想交流不但是消除"代沟"的重要途径,而且是孩子成长的重要条件。

4.学会共处就是要学会用和平的、对话的、协商的、非暴力的方法处理矛盾,解决冲突,这对于人与人之间、群体之间、民族之间、国家之间的矛盾都同样适用。学会共处,不只是学习一种社会关系,它也意味着人和自然的和谐相处。从我国古代"天人合一"的传统思想到当代世界倡导的"环境保护""可持续发展",无不指明了学会与自然"共处"的重要性。这种学习,像其他学习一样,也包括了知识、技能和态度、价值观念的心得和养成。

　　我们要学会共处,主要不是从书本中学习,它的最有效途径之一,就是参与目标一致的社会活动,学会在各种"磨合"之中找到新的认同,确立新的共识,并从中获得实际的体验。

魔力悄悄话

　　学会时刻自我约束,如果良好的习惯养成之后放松要求,忘乎所以,那么没过多久丢掉的坏习惯又会重新回归。

道不同不相为谋

没有谁愿意和与自己合不来的人在一起合作。有时候,你会发现两个人经常因为意见出现分歧而发生争吵,甚至拳脚相向,最后不欢而散。

面对这种情况该怎么办呢? 既然观念不同,就不妨各行其是,没必要非纠缠在一起。这就是"道不同不相为谋"的原则。

道不同不相为谋具体的含义是什么呢? 就是由于看法、意见、目标等不一致,而不能在一起合作。这是我们做事必须慎重对待的问题。

每件事情都是在双方情投意合之下做成的。双方无法达成协议,不能同甘共苦,自然失去了合作的基础。

有三个能力强的年轻人合巨资创办了一家高科技公司,并且分别担任董事长、总经理和副总经理的职务。开始,人们以为这家公司一定能创造辉煌的业绩,但几年后,这家公司不但未能创造辉煌的业绩,反而连年亏损,员工一天比一天少,究其原因,还是在三位创始人身上出现了问题,他们谁都想自己说了算,可谁说了都不算。最后,一件事也没做成功,管理层内耗导致公司效益严重亏损。

这家公司隶属于一个企业集团,总部发现这一现实后,连夜召开董事会研究对策,最后决定,让这家公司的总经理退股,撤掉他的总经理职位,改到别家公司投资。旁观者都认为,这家公司算是"歇菜"了,谁还扛得住亏损之后又来个撤资的打击呢? 然而,事实令人不得不相信,在留下来的董事长和副总经理的勠力合作下,居然发挥出公司最大的潜力,在最短的时间内使公司生产和销售总额较从前翻了两番,几年来的亏损不仅得到弥补,还创造了高新的利润。而那位改投别家企业的总经理自担任董事长后,也充分发挥出本身的实力,表现出卓越的经营才能,创造了骄人的业绩。

这个故事说明了什么问题? 自然是"道不同不相为谋"。习惯上,我们认为一个人的智慧，抵不上多数人的主意，因而有"三个臭皮匠，赛过诸葛亮"的俗语诞生。但我们要承认，每个人有个性、有头脑，相互之间如果无法在意见、决策上达到一致，合起来的力量就会分散，甚至抵消。

一加一得二，是再简单不过的算术题，可放在合作上就不是这么回事了。在事业上几个人共同协作，一加一能得三，得四；但如果互相牵制，一加一可能得零，得负一。

"道不同不相为谋"，否则会使双方产生恩怨。有鉴于此，同时是为了避免不必要的麻烦，在选择与人相处时千万想到，不要"合不来"硬往一块儿凑。这样谁都看对方别扭，怎么都不顺眼，结果只能多结恩怨。哪能互相合作呢？

努力培养自己的合作精神

合作的好处是：在被参与者的社会交往中，在改善彼此关系的同时，往往能减少偏见，消除双方的思想差异。参与合作项目的人往往更加热情地投入到他们的工作中去，对他们的工作具有更大的满足和兴趣，对他们的能力和技能拥有更多的自信。

那么，该怎样培养自己的合作精神呢？

1. 认识到我们需要别人帮助自己前进和取得成功。我们不是生活在真空中，我们不能在与世隔绝、孤立无援中完成自我实现。如果我们不能实现作为个人和社会一分子之间的平衡，我们要么在竞争中迷失自我，要么在对成功的追求中使自己与世隔绝。把健康的竞争和合作紧密结合起来，将有助我们实现理想的平衡。

2. 把合作作为一个成功的策略。如果我们被竞争性的抱负所驱使，那么我们也许会顽固地抵制别人的建议。我们也许随意地接受它们，但拒绝与人分享见解，唯恐自己会失去荣誉。如果我们把合作作为一个成功的策略，我们就能分享别人的信息和反馈的好处。与零的理论相反，并非每一次竞赛都产生失败者，最好的结果就是双赢。通过从合作中受益，我们就能成功地实现我们所选择的目标，并帮助我们周围的那些人也成功地实现他们的目标。

3. 学会重视别人，不一定要做到认为每个人都比自己重要，但至少要认为别人和自己一样重要。最有影响力的人往往是那些认为别人是重要的人。

4.要有一种为别人的成功而高兴、为别人的喜事而高兴的心理。只有试着去欣赏别人的成功,去欣赏别人的快乐,我们才会去成人之美。在欣赏别人成功的同时,能感受到其中有自己的一份功劳,那种高兴会更加实在。

5.学会欣赏别人。人都有一种强烈的愿望——被人欣赏,欣赏就是发现价值或提高价值,我们每个人总是在寻找那些能发现和提高我们价值的人。

欣赏能给人以信心,能让对方充满自信地面对生活。欣赏能使对方感到满足,使对方兴奋,而且会有一种要做得更好、以讨对方欢心的心理。如果一个员工得到经理的欣赏,他肯定会尽力表现得更好,而如果是一个小孩,得到大人的欣赏,那他的表现会令人大吃一惊。

要尽量去欣赏别人的一些他自己不自信或不被众人所知的优点,如果一个国家级运动员和我们第一次见面,我们表示欣赏他的运动成绩,除了让他一笑以外,不会产生什么特别的感觉,而如果我们表示欣赏他的风度和气质,他会非常高兴。

魔力悄悄话

一个好习惯的养成不会是轻而易举的,要想完成他,就得确立长远的目标,一步一个脚印的行动起来。俗话说,有志者,立长志,无志者,常立志。所以,要养成好的学习习惯,不能心急,但一定要说到做到。

共享利益才是真合作

合作需要双方当事人的无私，需要利益共享。有些人的私心太强，什么利益都想自己独吞(或占大头)，凡涉及名利之事都想自己优先，都想将他人排斥在外，自己一点小亏都不肯吃；有些人的功利主义色彩太强，对合作者采取实用主义的态度，用到他人时，什么都好商量，不用他人时，则将人一脚踢开、理都不理。

吉田忠雄是日本古田工业公司的董事长，吉田工业公司是世界上最大的拉链制造公司，年营业额达 25 亿美元，年产拉链 84 亿条，其总长度达 190万公里，足够绕地球 47 圈。吉田忠雄本人被称为"世界拉链大王"，他说他的成功是由于"善的循环"，这与他小时候捕鸟时受到的教育是分不开的。

吉田忠雄的父亲吉田久太郎是个稳重而又有正义感的小鸟贩子，他以捕捉、饲养、贩卖小鸟为生。7 岁时，吉田忠雄就上山给父亲做帮手。他们捉鸟从来不捕幼鸟，不捕喂养期的成鸟。用吉田久太郎的话说，首先得保证鸟类能够代代繁衍，这样才可以永远都捕到鸟。这是一个善的循环。它在吉田忠雄的心中打上了深深的烙印。在捕鸟、驯鸟的岁月里，吉田中雄吸收了影响他一生的营养，他从鸟儿那里学到了热爱自由、坚强不屈的性格，这为他日后艰苦创业、登上"世界拉链大王"的宝座打下了坚实的思想基础。

25 岁时，吉田忠雄创办了专门生产销售拉链的三S公司。50 岁时，吉田忠雄建成了世界一流的拉链生产工厂，完成了年产拉链长度绕地球一周的宏愿。每逢有人追问他的成功之道时，吉田忠雄总是笑着说："我不是只爱钱而已。人人为我，我为人人，不为别人的利益着想，就不会有自己的繁荣。对赚来的钱，我也不全部花完，而是将一部分作为员工的红利，一部分再投资于机器设备上。一句话，就是善的循环。"

吉田忠雄信奉"善的循环"哲学。他相信在互惠互利的情况下，才能真正做到双赢。公司支付的红利，他本人只占有 16%，他的家族占 24%，其余

60%由公司员工分享,这是其他老板难以做到的。吉田忠雄要求公司职员把工资及津贴的10%存放在公司里,用来改善设备,提高利润;员工每年可以分到八个月以上的奖金,但他要求员工奖金的2/3购买公司的股票,公司由此增加资金,员工薪水与资金更加提高,且可以拿到20%的股息,由此形成公司与员工之间的"善的循环"。

说到底,与人合作的技巧就是一个"善的循环"。因为与人合作只想到自己的人,绝不会有好的回报。一切以损害别人的利益来充实自己的人都是卑鄙的,都会受到社会的谴责、公众的鄙视。

现代社会奉行人人相亲相爱,大家互帮互助,而不是尔虞我诈、互侵互害。人人相亲相爱,大家互帮互助的社会是一个理想的、美好的社会。

请把你从你的狭小天地里释放出来,以开放的眼光看世界,意识到人类的家园建设必须靠每一个人尽心尽力地奉献才能壮美辉煌,并切实地拿出实际行动来。

以下是做事的经验之谈:

1."天生我才必有用",信任自己、尊重自己;

2.珍惜时间,努力学习,努力锻炼,为一生的发展打下坚实基础;

3.保持一颗平常心,认认真真做事,老老实实做人;

4.与人方便,万事随缘;

5.多一份善心。

魔力悄悄话

英国著名哲学家培根就曾说过:"习惯真是一种顽强而巨大的力量,它可以主宰人生。"是的,没有人天生就拥有超人的智慧,成功的捷径恰恰在于貌似不起眼的良好习惯。

第八章
珍惜时间充实生命

一个人的一生，是有好多好多以"天"为单位的时间所组成，每一天中，时间都有无声无息地离开我们。现代社会生活节奏加快，时间就是效益，时间就是金钱，时间就是生命，只有重视时间，才能获得人生的成功。

对于孩子来说，他们尚不能深刻理解和体验时间的重要性。但是，孩子终究是要长大成人的，终究是要独立面对社会的，而现代社会越来越要求人们珍惜时间，合理利用时间。所以，家长必须有意识地培养孩子从小养成珍惜时间的习惯。

惜时如金，你就有了主动权

在富兰克林报社前面的商店里，一位犹豫了将近一个小时的男人终于开口问店员了："这本书多少钱？""一美元。"店员回答。"一美元？"这人又问，"你能不能少要点？""它的价格就是一美元。"没有别的回答。

这位顾客又看了一会儿，然后问："富兰克林先生在吗？""在，"店员回答，"他在印刷室忙着呢。""那好，我要见见他。"这个人坚持一定要见富兰克林。于是，富兰克林就被找了出来。这个人问："富兰克林先生，这本书你能出的最低价格是多少？""一美元二十五分。"富兰克林回答。"一美元二十五分？你的店员刚才还说一美元一本呢！""这没错，"富兰克林说，"但是，我情愿倒给你一美元也不愿意把时间浪费在与你讨价还价上。"

这位顾客惊异了。他心想，算了，结束这场自己引起的谈判吧，他说："好，这样，你说这本书是最少多少钱吧。""一美元五十分。""又变成一美元五十分？你刚才不还说一美元二十五分吗？""对。"富兰克林冷冷地说，"因为你又耽搁了我更长的时间，我现在能出的价钱就是一美元五十分。"

这人默默地把钱放到柜台上，拿起书出去了。

著名的物理学家和政治家富兰克林给这位顾客上了重要的一课：对于有志者，时间就是金钱。古人说过："一寸光阴一寸金，寸金难买寸光阴。"可见时间是最宝贵的财富。

古今中外一切有大建树者，无一不惜时如金。

古书《淮南子》有云："圣人不贵尺之璧，而重寸之阴。"汉乐府《长歌行》有这样的诗句："百川东到海，何时复西归？少壮不努力，老大徒伤悲。"晋朝陶渊明也有惜时诗："盛年不重来，一日难再晨，及时当勉励，岁月不待人。"唐末王贞白《白鹿洞》诗中更有"一寸光阴一寸金"的妙喻。

美国著名科学家富兰克林曾经说过："你热爱生命吗？那么你就别浪费时间，因为时间是组成生命的材料。"诚然，一个人生命的价值在于他为社会创造的价值,但这种创造的价值却是随时间的延续来实现的。德国诗人歌德的自述是他对时间的认识和感情的最好注脚:"时间是我的财产,我的田地。"法国作家巴尔扎克把时间比作资本。法拉第中年以后,为了节省时间,把整个身心都用在科学创造上,严格控制自己,拒绝参加一切与科学无关的活动,甚至辞去皇家学院主席的职务。76岁的爱因斯坦病倒了,有位老朋友问他想要什么东西,他说,我只希望还有若干小时的时间,让我把一些稿子整理好。

20世纪90年代初,中国辽宁青年参观团在日本出席一个会议,出国前团长准备了厚厚一叠发言稿,可是日方官员递上的会序表却写着:"中方发言时间:10点17分20秒至18分20秒。"发言时间仅为一分钟。这在那些"一杯茶水一支烟,一张报纸看半天"的人看来,似乎不可思议,而在日本却是极为平常的。日本从工人到学者,时间观念都非常强。他们考核岗位工人称不称职的基本标准就是在保证质量的前提下单位时间的劳动量,时间一般精确到秒。

爱迪生从小就对很多事物感到好奇,而且喜欢亲自去试验一下,直到明白了其中的道理为止。长大以后,他就根据自己这方面的兴趣,一心一意做研究和发明的工作。他在新泽西州建立了一个实验室,一生共发明了电灯、电报机、留声机、电影机、磁力析矿机、压碎机等等总计两千余种东西。爱迪生的强烈研究精神,使他对改进人类的生活方式,做出了重大的贡献。

"浪费,最大的浪费莫过于浪费时间了。"爱迪生常对助手说,"人生太短暂了,要多想办法,用极少的时间办更多的事情。"

一天,爱迪生在实验室里工作,他递给助手一个没上灯口的空玻璃灯泡,说:"你量量灯泡的容量。"他又低头工作了。

过了好半天,他问:"容量多少?"他没听见回答,转头看见助手拿着软尺在测量灯泡的周长、斜度,并拿了测得的数字伏在桌上计算。他说:"时间,时间,怎么费那么多的时间呢?"爱迪生走过来,拿起那个空灯泡,向里面斟满了水,交给助手,说:"里面的水倒在量杯里,马上告诉我它的容量。"

助手立刻读出了数字。

爱迪生说:"这是多么容易的测量方法啊,它又准确,又节省时间,你怎么想不到呢?还去算,那岂不是白白地浪费时间吗?"

助手的脸红了。

爱迪生喃喃地说:"人生太短暂了,太短暂了,要节省时间,多做事情啊!"

爱迪生未成名前是个穷工人。一次,他的老朋友在街上遇见他,关心地说:"看你身上这件大衣破得不像样了,你应该换一件新的。"

"用得着吗? 在纽约没人认识我。"爱迪生毫不在乎地回答。

几年过去了,爱迪生成了大发明家。

有一天,爱迪生又在纽约街头碰上了那个朋友。"哎呀,"那位朋友惊叫起来,"你怎么还穿这件破大衣呀? 这回,你无论如何要换一件新的了!"

"用得着吗? 这儿已经是人人都认识我了。"爱迪生仍然毫不在乎地回答。

人跑不赢时间,但可以比原来跑快一些,甚至几步,这几步可能就会创造很多东西,就可以推动社会的进步,就可以让一个人岁月的长河中留下光辉的一瞬。居里夫人,鲁迅、巴尔扎克、雨果……他们都和时间赛跑,鲁迅一天必须完成规定的文字,巴尔扎克为了多写文章,拼命的喝咖啡提神,雨果通过运动使本来枯萎的生命又得到延长,又为人类写出了许多光辉的著作。

魔力悄悄话

在生命的路途中,每个人都会遇到各种各样的困难,有些人徘徊于岔路的干扰,停在原地,不知所措。而那些具有良好习惯的人,在困难面前从容不迫,应付自如,所以他们脱颖而出。

时间是宝贵的财富

在"钟表王国"瑞士温特图尔钟表博物馆内的一些古钟上,刻着这样一些富有哲理的词句:"如果你跟上时间的步伐,你就不会默默无闻。"

居里夫妇结婚时,他们的会客室里,只摆着一张简单的餐桌和两把椅子。后来,居里的父亲来信对他们说,他准备送给他们一套家具,问他们需要些什么样的家具。

看完信后,居里若有所思地说:"有了沙发和软椅,就需要人去打扫,在这方面花费时间未免太可惜了。"

居里对新婚妻子说:"不要沙发可以,我们只有两把椅子,再添一把怎么样? 客人来了也可以坐坐。"

"要是看闲谈的客人坐下来,又怎么办呢?"居里夫人提出反问意见。

居里夫人连多余的椅子都不肯多摆,害怕来访者坐下来会谈天说地耽误了时间,显示了他们对时间的珍视。翻开人类科技发展史,就可以发现,人类的种种发明创造,都是为了节省时间。火车代替马车,电视取代影剧院,计算机、激光的出现,无一不是为了节省时间、争取时间、赢得时间。

法国思想家伏尔泰曾出过一个意味深长的谜:"世界上哪样东西最长又是最短的,最快又是最慢的,最能分割又是最广大的,最不受重视又是最值得惋惜的;没有它,什么事情都做不成;它使一切渺小的东西归于消灭,使一切伟大的东西生命不绝。"这是什么? 众说纷纭,捉摸不透。

有一名叫查第格的智者猜中了。他说:"最长的莫过于时间,因为它永远无穷无尽;最短的也莫过于时间,因为它使许多人的计划都来不及完成;对于在等待的人,时间最慢;对于在作乐的人,时间最快;它可以无穷无尽地扩展,也可以无限地分割;当时谁都不加重视,过后谁都表示惋惜;没有时间,什么事情都做不成;时间可以将一切不值得后世纪念的人和事从人们的心中抠去,时间能让所有不平凡的人和事永垂青史。"

时间对于不同的人有不同的意义。对于活着的人来说,时间是生命;对于从事经济工作的人来说,时间是金钱;对于做学问的人来说,时间是资本;对于无聊的人来说,时间是债务;对于学生,尤其是中学生来说,时间是财富,是资本,是命运,是千金难买的无价之宝。

怎样加强自己的时间观念呢?

要时刻牢记时间就是金钱。

苏联作家格拉宁说:"时间比过去少了,时间的价格比过去高了,这就是现代社会的时间。"英国著名的思想家本杰明·富兰克林说:"记住,时间就是金钱。比如说,一个每天能挣十个先令的人,玩了半天,或躺在沙发上消磨了半天,他以为在娱乐上仅仅花费了几个先令而已。不对,他还失去了他本应得到的 5 个先令。……记住,金钱就其本性来讲,绝不是不能生殖的。钱能生钱,而且他的子孙还有更多的子孙。"

时间就是金钱,只有重视时间,才能获得人生的成功。一个人的一生,是有好多好多以"天"为单位的时间所组成,每一天中,时间都有无声无息地离开我们。有人认为,就那么几分钟,对我们漫长的人生有什么意义呢? 实践证明,这几分钟,甚至几秒钟都是至关重要的。垂死的病人,吃过特效药,马上就得到控制,而晚几秒钟,心脏就停止了跳动,而他停止跳动的心脏不知还能创造多大的财富。

欧洲的贝尔,是现在电话机法定的注册人,而他在研制电话机时,他并不知道在世界上的某个地方,有一个叫格雷的人也在进行同样的研究,就在贝尔在专利局进行专利申请后的两个小时左右,格雷也匆匆赶到专利局,结果很遗憾。原因是他比贝尔晚了几个小时,他失去了他原应拥有的一切——成功、名誉和金钱。实际上,一个人的宝贵的财富就是人人都拥有的时间,谨记浪费时间就是浪费金钱,你就会合理地运用时间。

人生最宝贵的是生命,而时间是组成生命的材料,所以时间也是最宝贵的。时间就是生命。时间是一种既不能停止也不能逆转、不能贮存也不能再生的特殊性资源,是一种一次性的消耗品。当我们到达老年时期,面临死的威胁时,我们才会对失去的生命感到惋惜,对我们对时间的浪费感到可恨,然而有什么意义呢? 珍惜时间就是珍惜生命,在每一个极短的时间单位里,让时间发挥出无穷的威力,把我们的一生变得更辉煌,更有意义。

雷巴柯夫说:用分来计算时间的人,比用时计算时间的人,时间多59倍。勤奋,从一定意义上说,就是能够做到"时不空过"。时时间的加法,对于懒惰的人来说,带来的只是衰老、忧郁;对于勤奋的人,带来的是进步、成就。

古今中外,一切在事业上有成就的人,在他们的传记里,常常可以读到这样一些句子:"利用每一分钟来读书。"可见成功者对时间是如视生命般地珍惜。

魔力悄悄话

有些妈妈为了不让孩子打扰来访的客人,一般都会把孩子打发到一边,让他们自己去玩。这样做也许能够获得一时的安静,但是却可能会影响到孩子的社交能力。他会想:妈妈为什么不让我跟客人一起玩?是不是我做错了什么?久而久之,家里一来客人,他就会自动躲到旁边去。所以,当有客人来访时,你应该向孩子介绍一下来的是什么客人,再向客人介绍一下你家的孩子,并让孩子帮客人拿拖鞋、拿杯子,千万不能把孩子排斥在外。

养成节约时间的好习惯

英国大哲学家培根说:"时间是衡量事业的标准。"我们在赞叹成功者的成就大小时,实际上是使用了时间这个尺度。伟人们在有限的一生中,作出了超越常人的贡献,这就是他们伟大之所在。我们赞叹莎士比亚的伟大,常常想到他一生创作和翻译了 600 多万字著作;我们赞叹爱迪生伟大,也常离不开他一生有 1000 多项科学发明。

人才在时间中成长,在时间中前进,在时间中改造客观世界,在时间中谱写自己的历史。人才对各门科学的学习和研究,必须在一定的时间内进行。人才创造的各种成果,必须经过时间来鉴定。时间,唯有时间,才能使智力、想象力及知识转化为成果。

人的才能想要得到充分的发挥,尽快踏上成功之路,就必须养成充分利用时间的习惯;若没有充分利用时间的能力,不能认识自己的时间,计划自己的时间,管理自己的时间,那只会失败。

时间,是成功者前进的阶梯。任何人想要成就一番事业,都不可能一蹴而就,必须踩着时间的阶梯一级一级地攀登。

时间,是成功者胜利的筹码。射箭需要练一段时间才能准,画域需要多域一段时间才能精。成功要有个定向积累的过程,这是人才研究中的一个重要原理。世界上从来没有不需花费时间便唾手可得的成功,也没有一蹴而就的事业。

一位著名的作家指出:"人的一生如此短暂、如此渺小。一些小小的成功,固然只需付出很小的力量及很短的时间,但想要获得长久成功,一定要投入很大的精力及很长的时间。以一天为例,只有集中精力有效利用这一天,日后才会留存这一天努力的成果。而如果不立下目标,懵懵懂懂、得过且过的话,一天还是一天,不会留下什么成果。一天如此,一周如此,一月如此,一年如此,一生都是如此。"因此,青少年一定要养成节约时间的习惯,争取利用有限的时间多学习、多工作,以在为社会作出更大贡献的同时,更好地实现自我价值。

学做时间的主人

许多人日复一日花费大量的时间去做一些他们不相干的事情。不要成为他们其中的一分子,让你生命中的每个日子都值得"计算",而不要只是"计算"着过日子。

一个人真正自己拥有,而且极度需要的只有时间,其他的事物多多少少都部分或曾经为他人拥有,像你呼吸的空气、在地球上占有的空间、走过的土地、拥有的财产等,都只是这样。时间如此重要,但仍有很多人随意浪费掉他们宝贵的时间。

很多人浪费80%的时间在那些只能创造出20%成功机会的人的身上;有些人花费很多时间在那些最容易出问题的20%的人的身上;经纪人花费很多时间在不按时参加演出工作的演员或模特儿身上;政治家花费多数时间为20%的有问题或就是问题本身的人运作议事,而那些人甚至不是当初投票给他们的选民。玛丽·露丝在《节约时间与创意人生》一文中写道:"我的工作有一部分是市场咨询,常常要和人们讨论如何建立事业。我通常会建议他们,可以自由运用自己的时间,但最重要的时间应该优先留给那些帮助自己建立事业、认真想成功和愿意协助自己达到成功的人身上。"

尽可能避免不必要的电话和约会,特别在你一天中效率最高的时段。节省其他的时间,优先处理那些能帮助你达成目标和梦想的工作和约会。

魔力悄悄话

做个好榜样。孩子有没有礼貌不是天生的,是后天培养出来的,而且孩子天生就喜欢模仿别人,所以爸爸妈妈在家里的时候要注意自己的言行举止,注意讲礼貌,给孩子树立一个好的榜样。

利用好你的"空闲时间"

我们时常感叹,善于有效利用财富的人很少,但是更让人惋惜的是,懂得该如何利用时间的人更少。

善于利用时间要比善于利用财富更重要,这恐怕是一个不用多加说明的常识。

在一个人的年轻时代,总觉得自己拥有非常充裕的时间,再怎么浪费也用不完,可是,这个世上是绝没有免费的午餐的,等我们将来某一天觉得时间是如此宝贵之时,就悔之晚矣! 这种心态与消费财产是一样的,当一个人拥有一笔莫大的财产时,他会不知不觉地大手大脚地耗费,但是,等到有一天,当他发觉这笔财产已被耗费得所剩无几时,想要再珍惜它就已经为时太晚,怎么可能还有挽救的余地呢!我们对财富的消耗,由于它是一种有形的东西,还能引起我们的警觉,但是,时间却是一种无影无踪的东西,如果我们不时时提醒自己,它消逝得会更快,而且根本不会引起我们的警觉。实际上,在日常生活中,这样的情形还非常之多。

回顾历史,在威廉三世、乔治一世等时代颇具盛名的英国财务大臣劳伦斯,在生前就曾经说过一句话:"切莫为一便士而笑!为一便士而笑的人,就会为一便士而哭。"这位大臣自己的行为也验证了这句话的千真万确,他还身体力行地为两个孙子留下了一笔庞大的财产。那么,这句话是否也适用于时间呢?完全适用。让我们将之稍作改动:为一分钟而笑的人,就会为一分钟而哭。所以,10 秒、15 秒的时间尽管十分短促,但也切不可轻易忽视。如果不珍惜 10 秒、15 秒的短暂时光,一天之中的许多时间就会被白白地浪费掉,一年下来,浪费的时间就无可计数了。

很多人常在不知不觉间就将时间全部浪费掉了。很多人常会坐在椅子上,伸着懒腰,心里则在想着:"该开始做什么好呢?时间这么少,做什么都不够……"可是,当他真的有大块的时间空下来时,这个人却还是什么也无法开始做,结果却让时间白白地耗费掉了。大体上来说,这样的人的一生将一事无成,他无论是求学还是工作都不会有什么大的成就。

在对待时间的问题上,还有一点是应该注意的:不要把"空闲的时间"变成"空白的时间"。例如,你和某人约好 12 点在某地相见,你在 11 点离开家门,准备顺道赶在 12 点之前拜访其他两三位朋友,但是不巧的是,这两三位朋友都不在家,你该怎么办? 到咖啡馆内将这段时间虚耗掉? 还是到附近的商店里去溜达? 真正想有所作为的人,绝对不会这么做。他们会立刻赶回家,抓紧干点别的事情。能有效地利用那些不是很充裕的时间,才能真正做到节省时间,而且这样也可以使我们觉得在这段时间里不会无聊。

青年人不能满足于过着闲散、安逸的生活。应该活力十足、态度勤恳,而且要精力充沛。如果我们能将自己现在的处境和未来的打算想通,我们就会从心底里警醒:即使是一分一秒都不应该轻易浪费。

一个人如果连片刻的时间都能有效地利用,他对时间就一定能更好地把握了。如果认为片刻的时间没有什么用处,而轻易浪费,那么事后想要再将它们追回来就非常困难了,所以,要养成合理安排时间的习惯,一分一秒都得有意义地利用。

魔力悄悄话

美国著名教育家曼恩说:"习惯像一根缆绳,我们每天给它缠上一股新索,要不了多久,它就会变得牢不可破。"因为好习惯每天缠上一股,要不了多久就会牢不可破。